世界初 鍵本聡の頭がよくなる三角パズル

TRIANGLE PUZZLES

鍵本 聡
Kagimoto Satoshi

講談社

はじめに

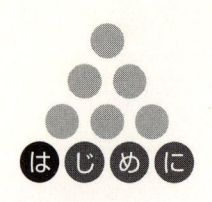

　「三角パズル」は、思考力を強くするために新たに開発されたパズルです。簡単そうに見えるものの、初めての人は意外とてこずるかもしれません。
　三角パズルに必要なのは「場合分け」の考え方です。2通りか3通りの選択肢（数学の世界では「必要条件」と呼びます）を探し出し、それら一つ一つを細かく調べることで、適切なものを一つだけ選び出します。この作業は学校の授業や社会に出てからもさまざまな場面で活躍する思考方法です。子どものころから楽しくパズルを解くことで、状況を見極め、瞬時に判断する能力が身についていくはずです。いろいろな意味でとても有用なパズルだということができます。

鍵本 聡

目次

はじめに
2

三角パズルの解き方の例
4

［初級編］
01~30
9

［中級編］
31~96
41

三角パズルの解答
109

おわりに
126

三角パズルの解き方の例

例題を元に、基本的な解き方を見ていきましょう。

[例題]

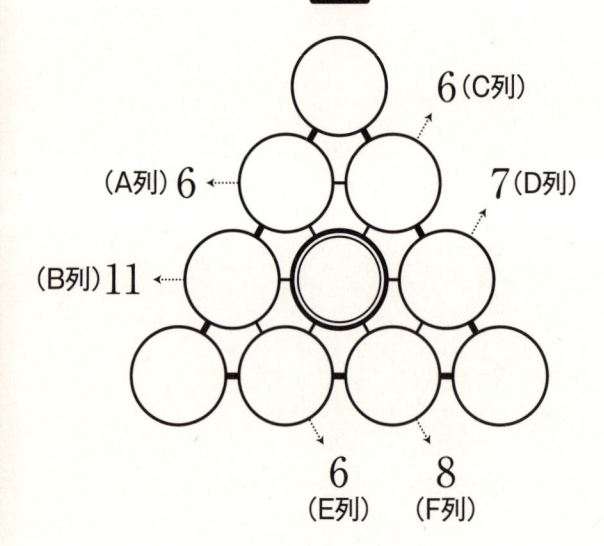

                    6（C列）
      (A列) 6   7（D列）
      (B列) 11

                 6   8
               (E列)   (F列)

---- ［三角パズル］のルール ----

ルール1　各辺の4個の○と、真ん中の◎の中には1〜5のそれぞれ異なる数字が1個ずつ入ります。

ルール2　周りに書いてある数字は、その線上の数字の和を表しています。

三角パズルの解き方の例

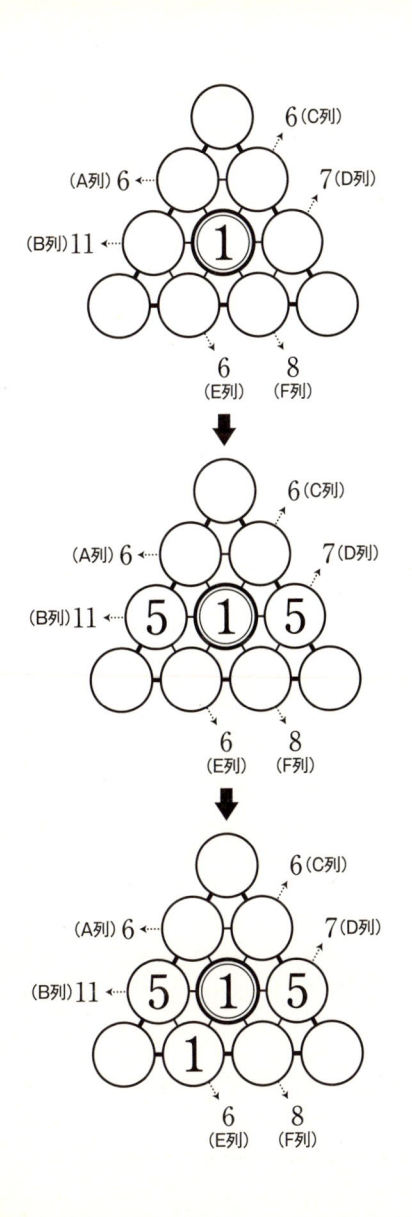

やり方はいくつか考えられますが、ここでは真ん中の ◯ に入る数で場合分けをしてみましょう。

真ん中の数が1だとします。

B列の和が11なので、5－1－5が決まります。

E列の和が6より5－1となり、1が重複するので矛盾します。

5

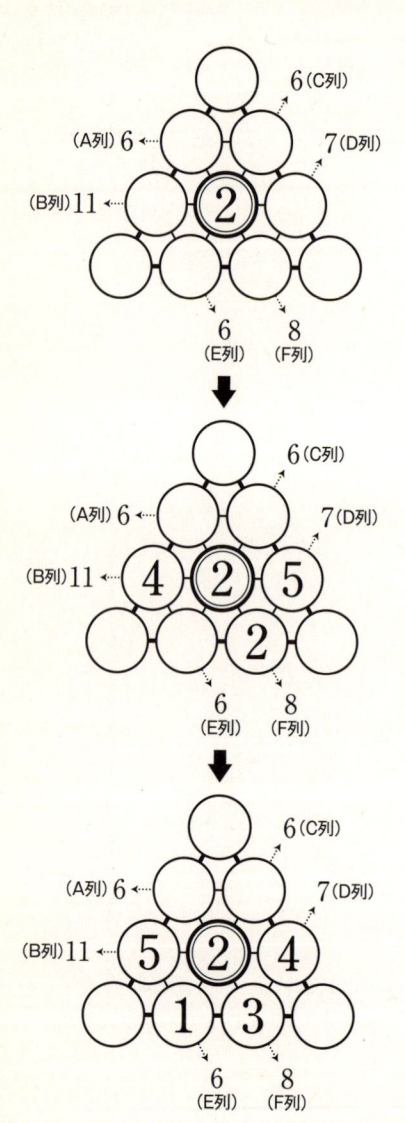

真ん中の数が2だとしましょう。

B列の和が11なので、4－2－5か5－2－4のいずれかです。

4－2－5の場合、D列の和が7より5－2となり、2が重複するので矛盾します。

5－2－4の場合、D列の和が7より4－3となり、E列の和が6より5－1となります。ここから空いている○を埋めていってください。すべてうまくいきます。

三角パズルの解き方の例

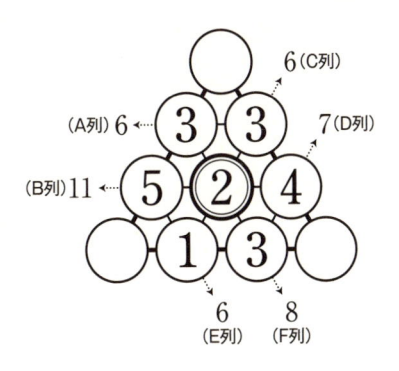

ちなみにこの後、真ん中の数を3、4、5と続けてみると、すべて矛盾することがわかります（ここでは紙面の関係で省略します）。

正解

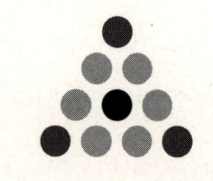

TRIANGLE PUZZLES

TRIANGLE PUZZLES
for beginners

[初級編]

01〜30

各辺の4個の ○ と、
真ん中の ◎ の中には
1〜5のそれぞれ異なる数字
が1個ずつ入ります。

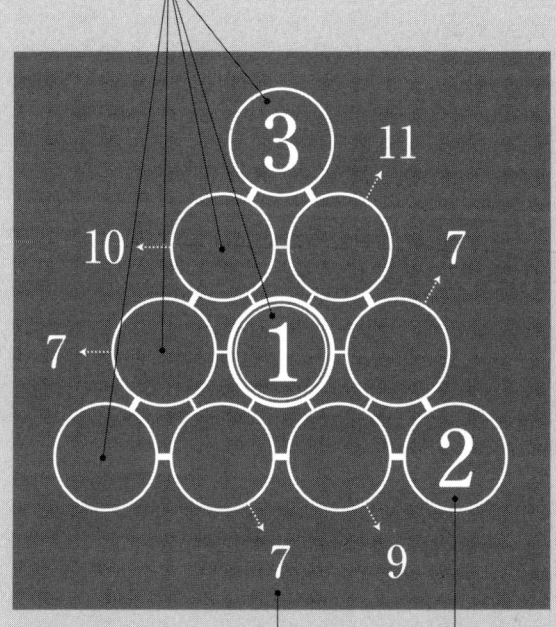

3
11
10
7
7
1
2
7
9

周りに書いてある数字は、
その線上の数字の和を
表しています。

初級編はヒントとして
いくつか数字が入っています。

01

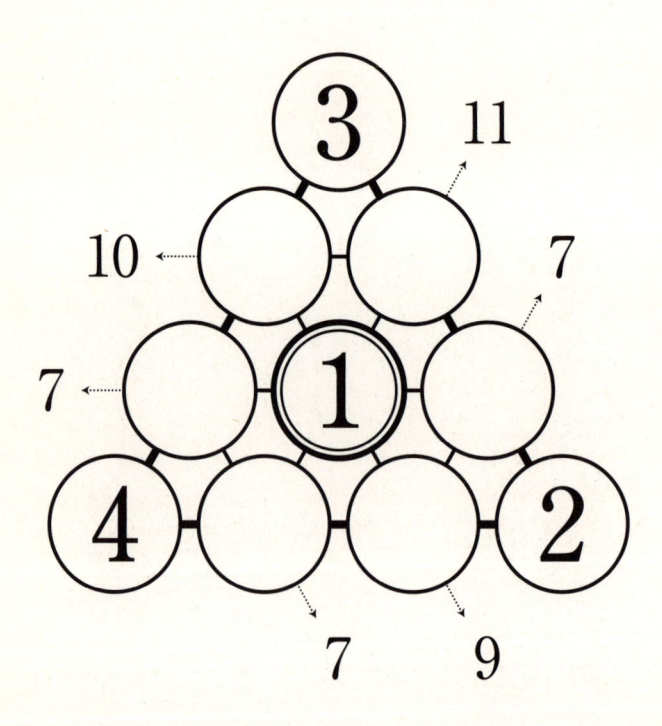

02

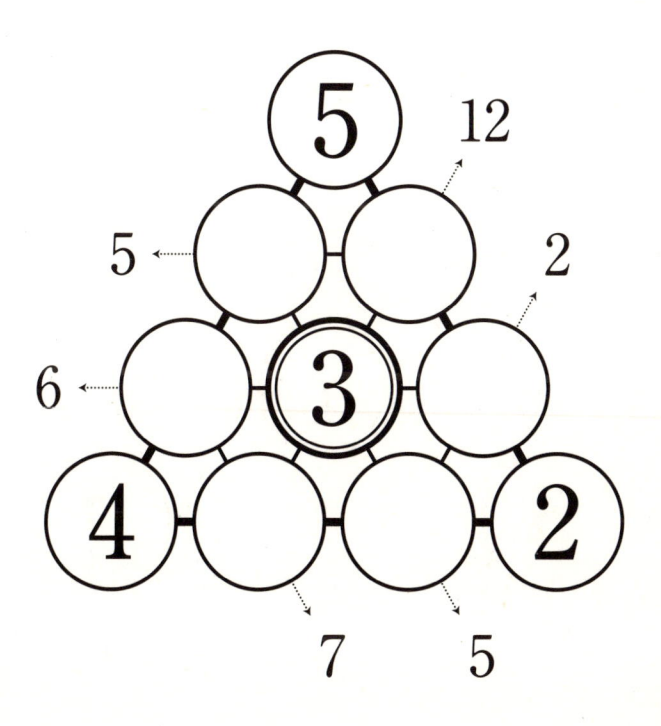

```
        (5)
      ( )( )  → 12
  5 ←( )( )( )  → 2
  6 ←( )(3)( )
    (4)( )( )(2)
         ↓  ↓
         7  5
```

03

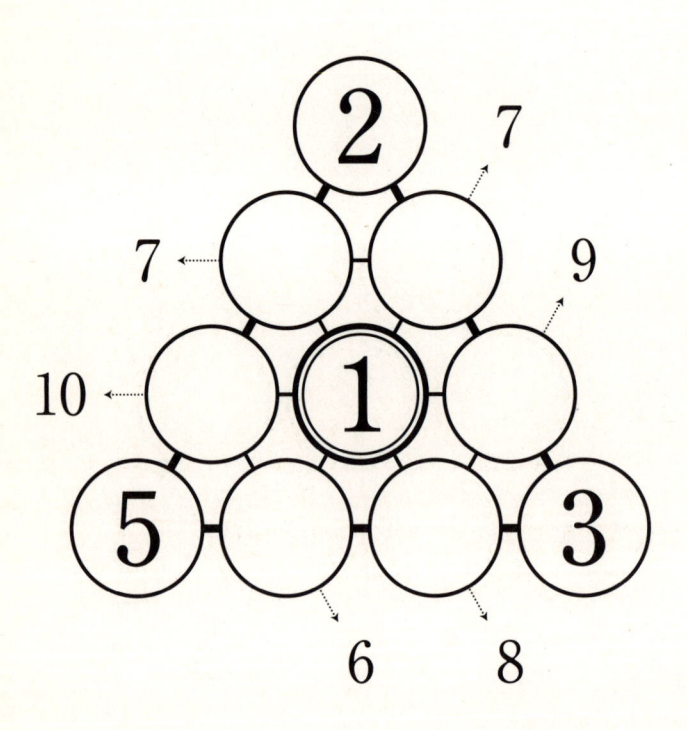

04

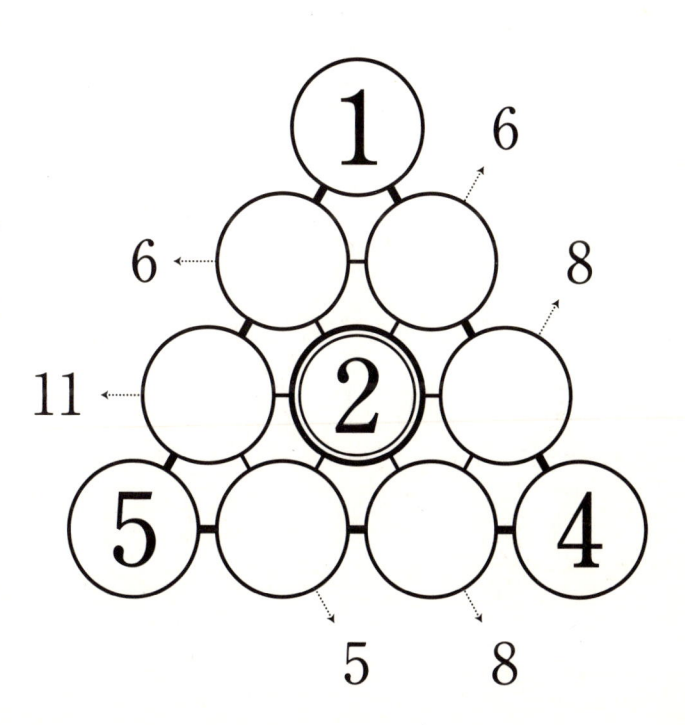

05

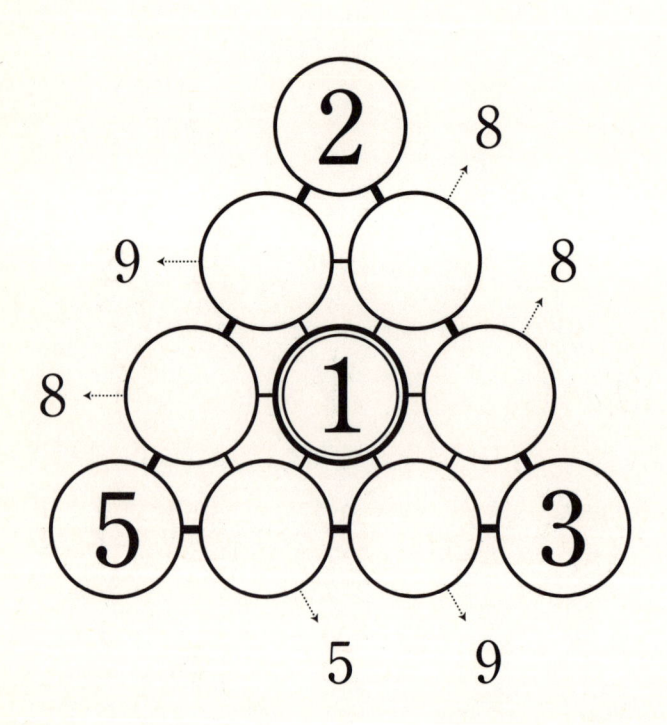

06

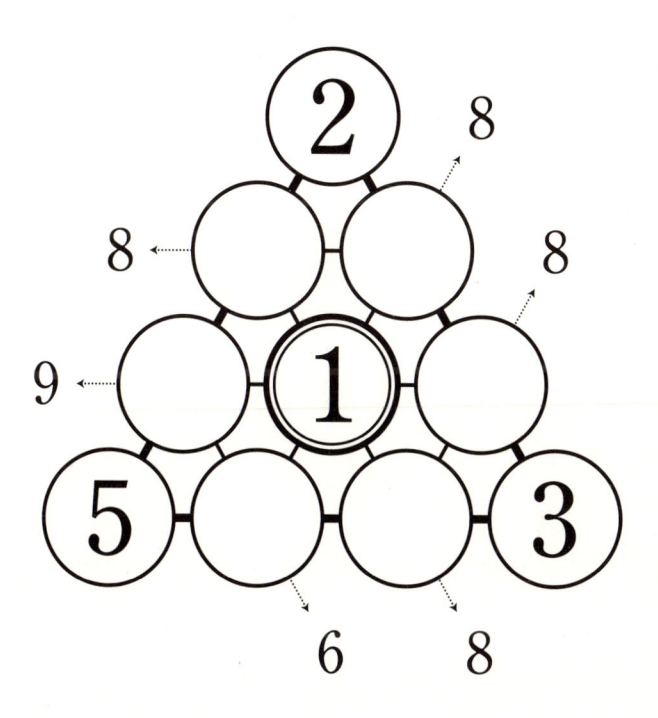

07

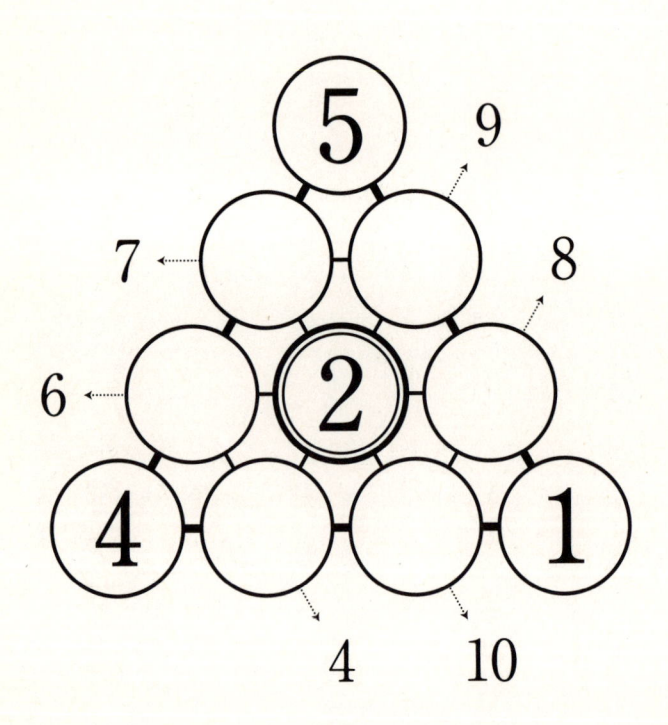

08

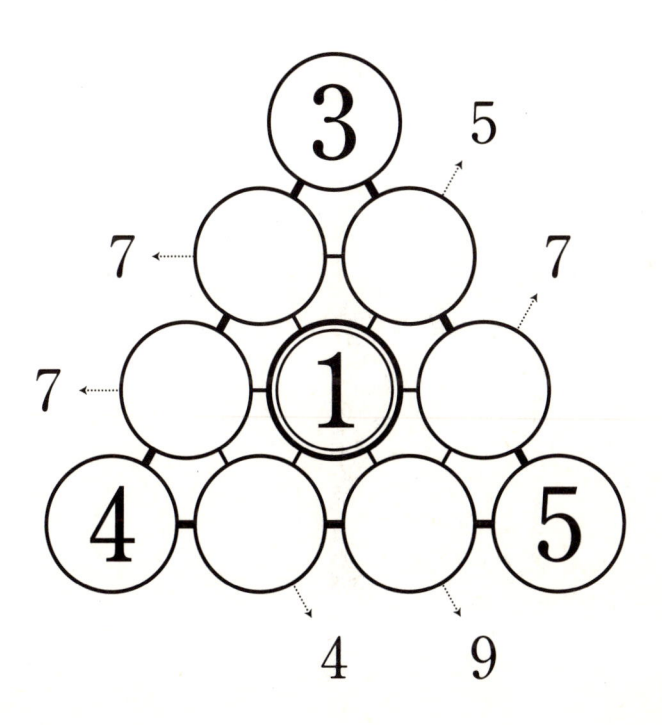

09

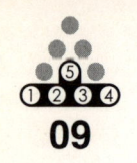

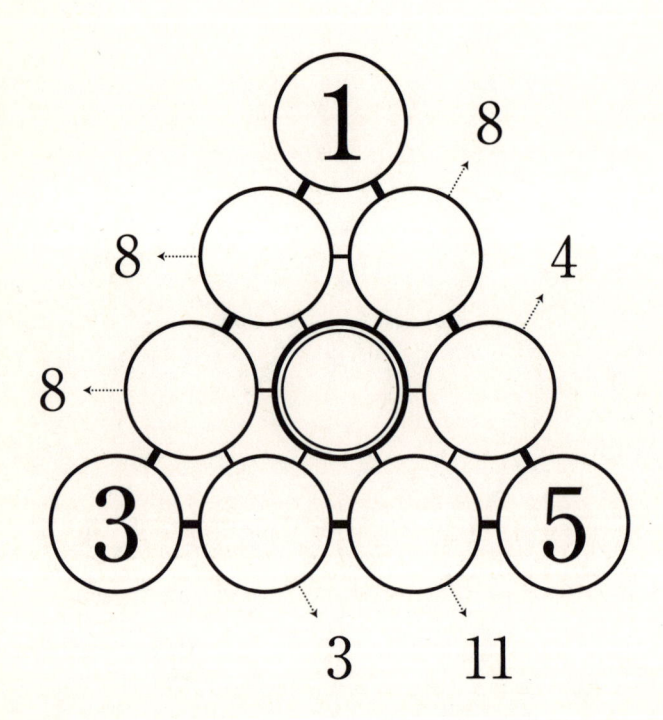

10

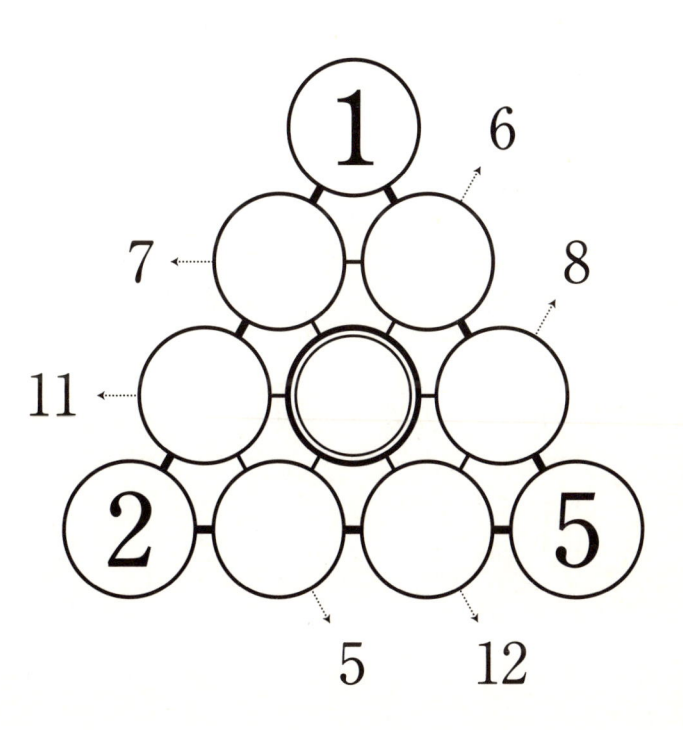

11

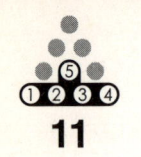

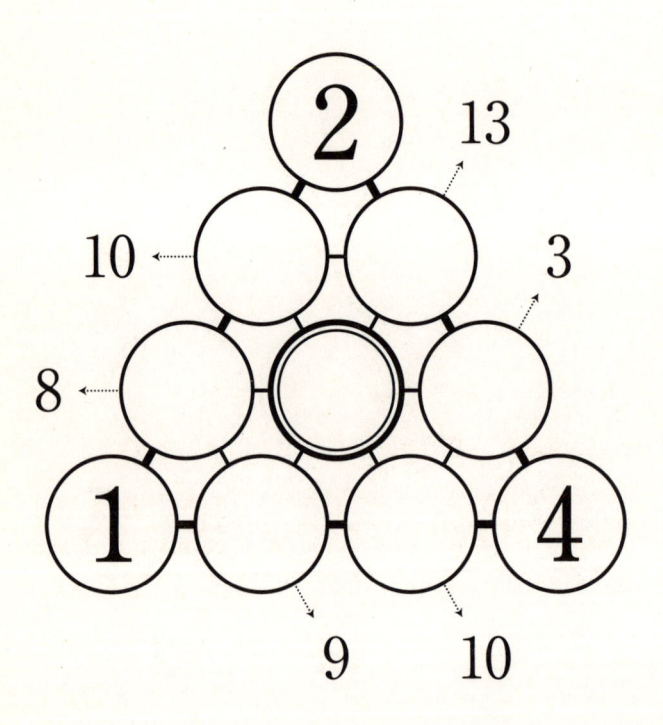

12

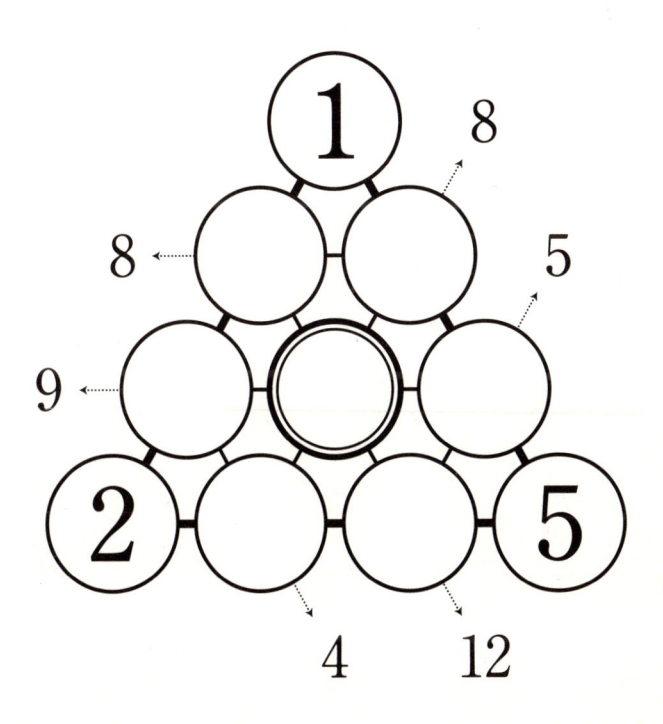

13

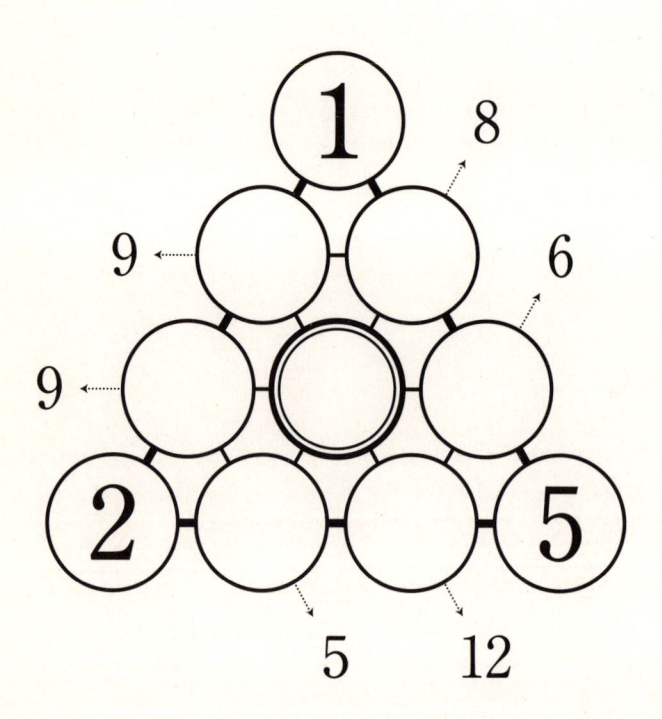

14

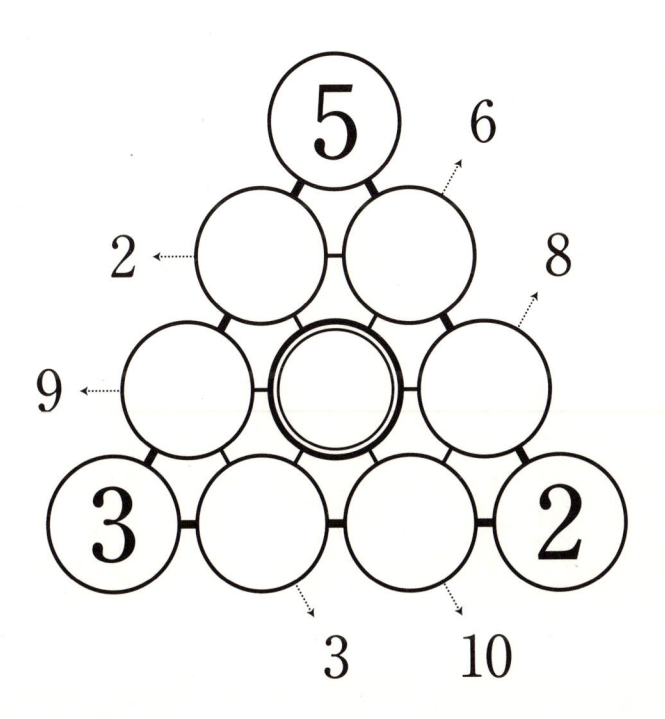

```
        (5)
      _   _
   2← _   _  →6
        _
  _   ⊚   _  →8
9←   _   _
(3)  _   _  (2)
      ↓   ↓
      3   10
```

15

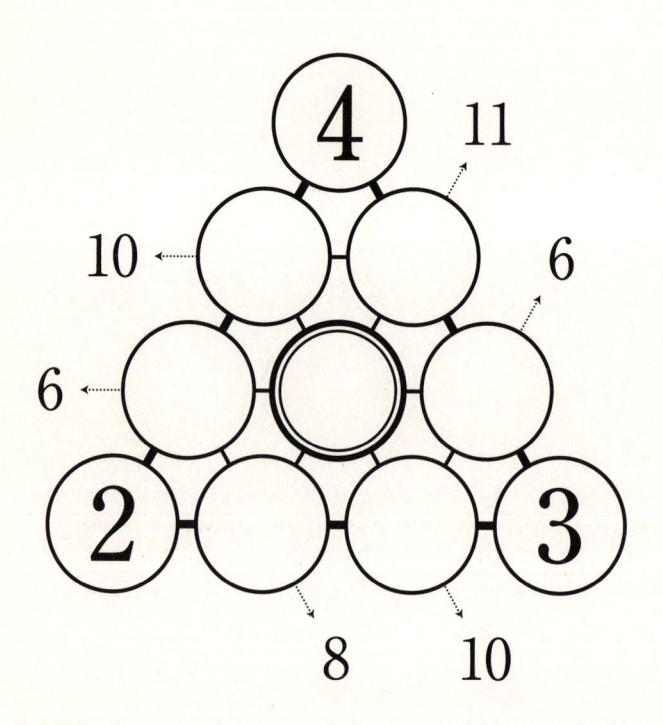

A triangular arrangement of circles (pyramid puzzle):

- Top row: **4**
- Second row: two empty circles (left side points to 10, right side points to 11)
- Third row: empty, double-circled center, empty (left points to 6, right points to 6)
- Bottom row: **2**, empty, empty, **3** (the two middle circles point to 8 and 10 respectively)

16

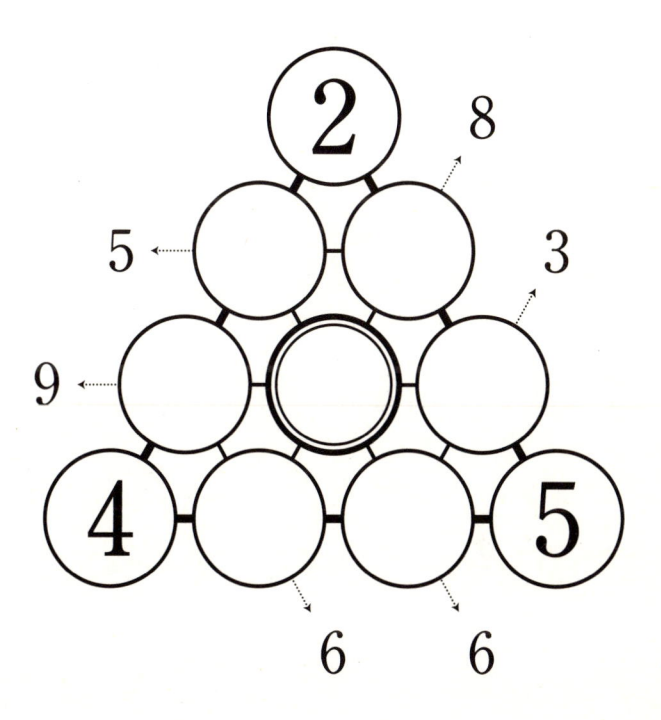

Pyramid puzzle:
- Top: 2
- Row 2: _, _ (→ 5 points to left circle; 8 points to right circle)
- Row 3: _, ⊙ (center, double-circled), _ (9 points to left circle; 3 points to right circle)
- Bottom: 4, _, _, 5 (6 points to second circle; 6 points to third circle)

17

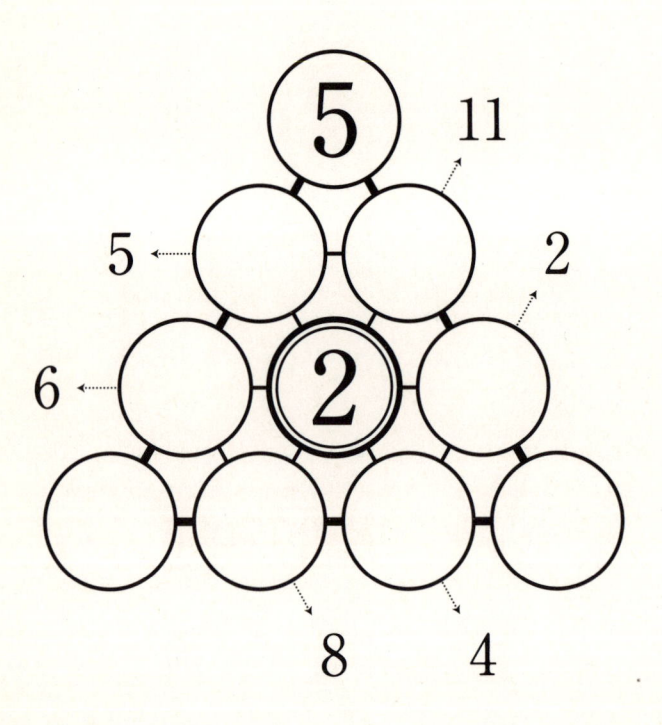

18

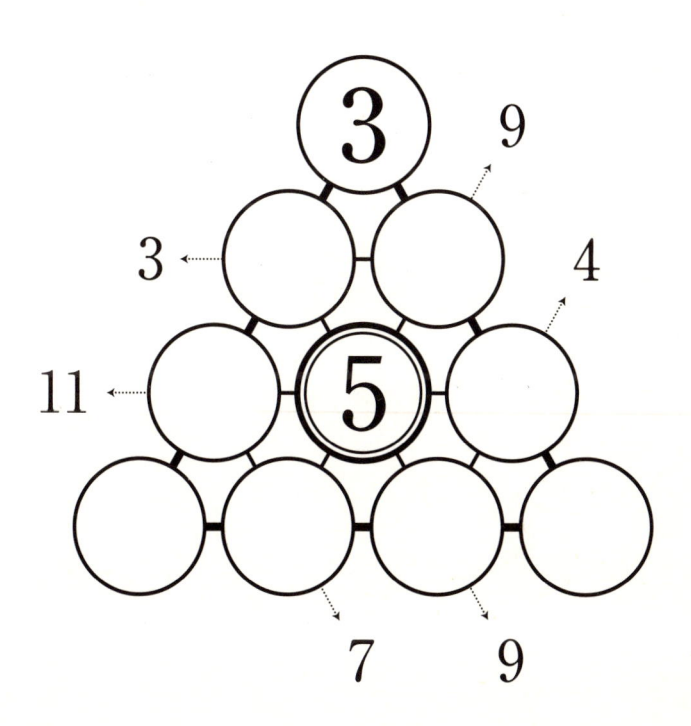

(3)

9 →

3 →

4 →

11 →

(5)

7   9

19

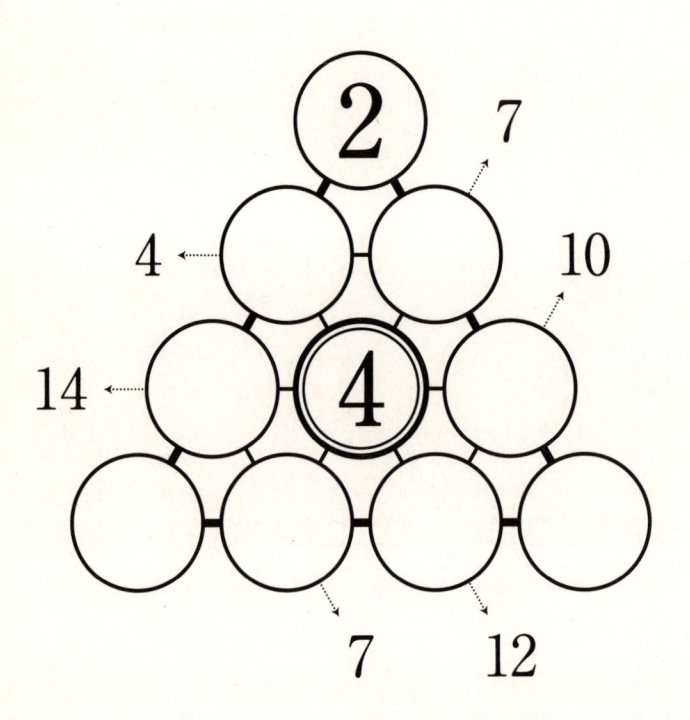

20

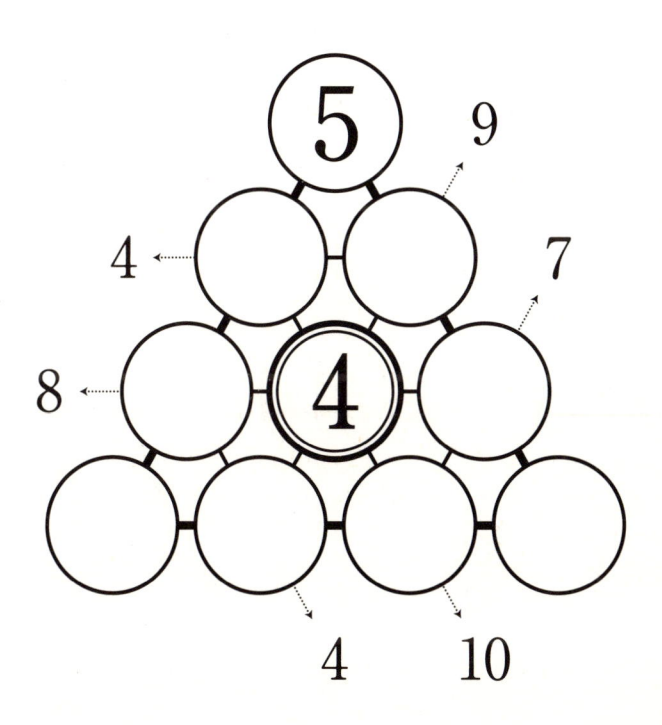

5

9 →

4 →

7 →

8 →

(4)

4   10

21

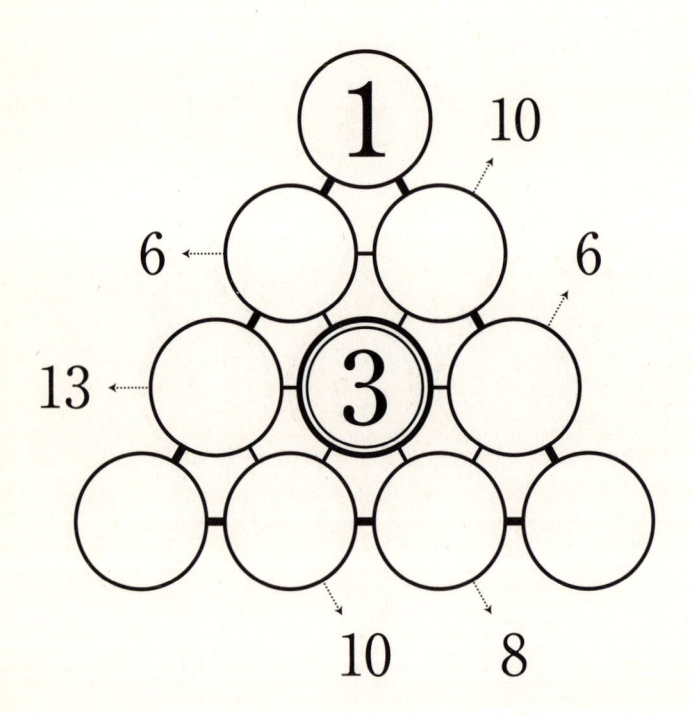

A pyramid of circles with:
- Top row: **1**
- Arrow labels pointing to rows: 10 (top-right), 6 (second row left), 6 (third row right), 13 (third row left), 10 and 8 (bottom row)
- Center circle of third row: **3**

22

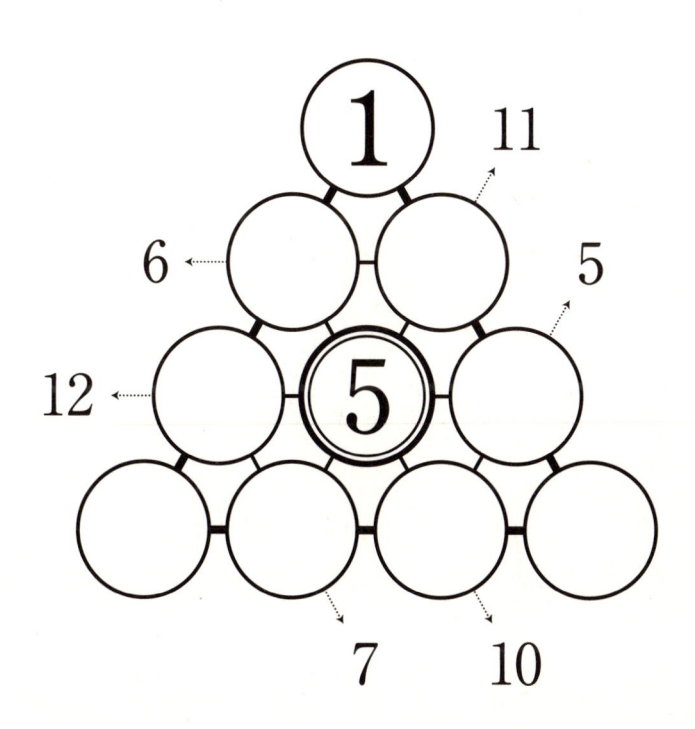

23

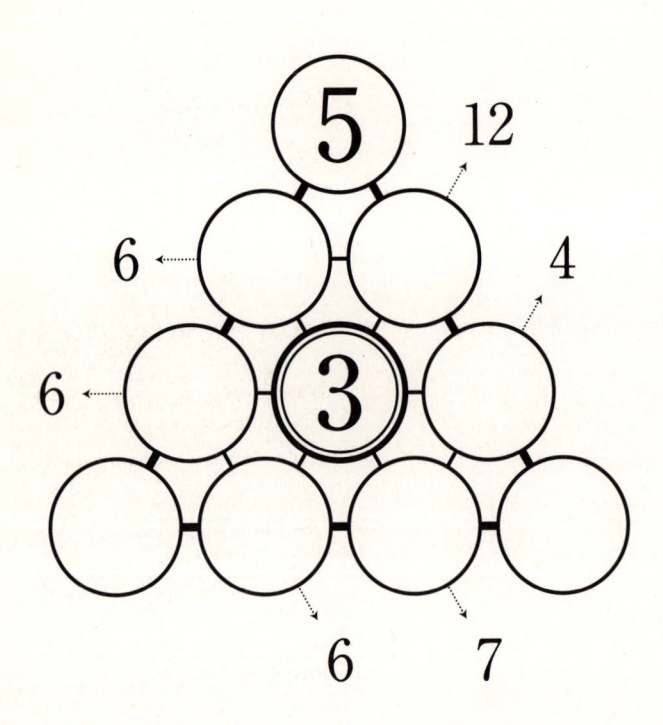

A triangular arrangement of circles (4 rows: 1, 2, 3, 4 circles from top to bottom).

- Top circle: **5**
- Middle of row 3 (center): **3**
- Arrows and target sums:
  - Right diagonal from top: → 12
  - Left side of row 2: ← 6
  - Right side of row 3: → 4
  - Left side of row 3: ← 6
  - Bottom row arrows: ↓ 6, ↓ 7

24

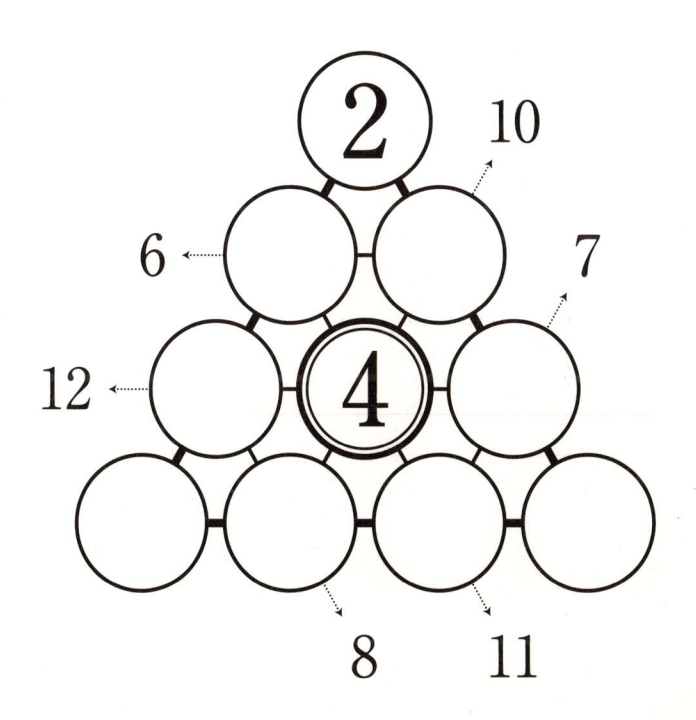

25

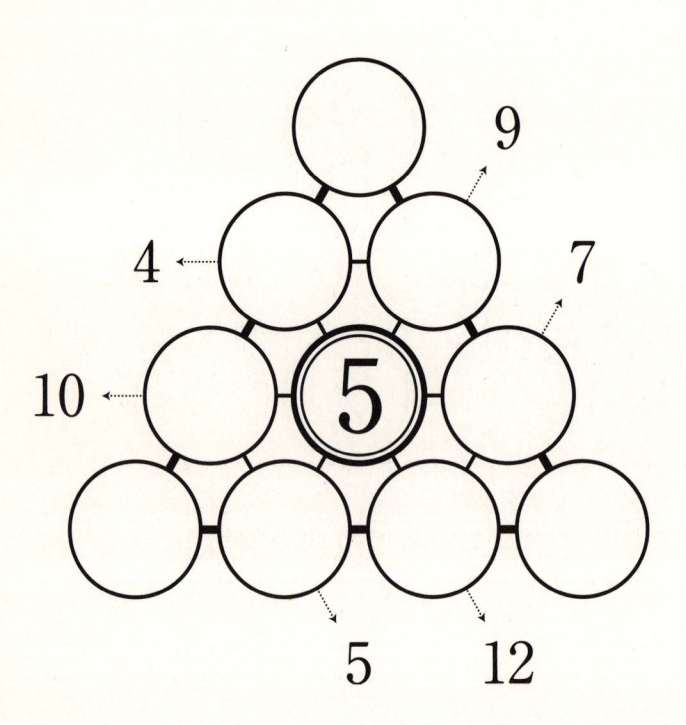

26

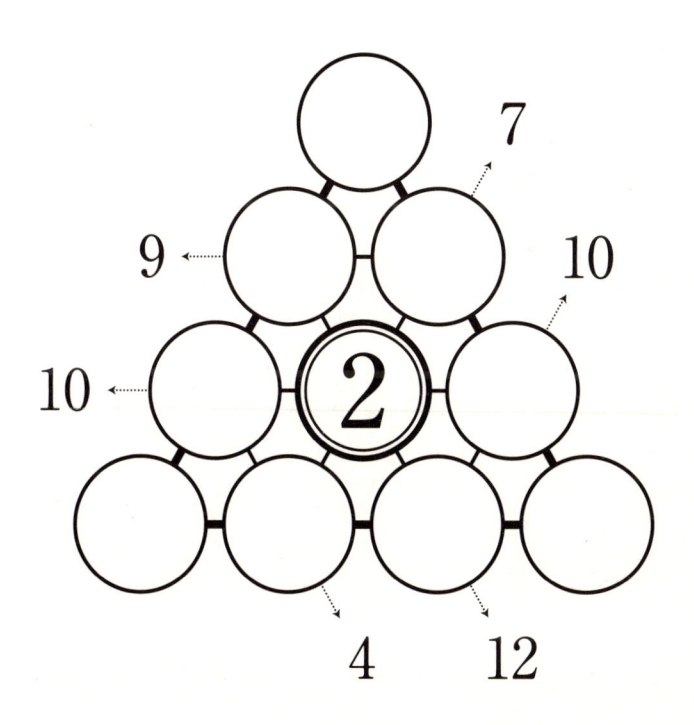

27

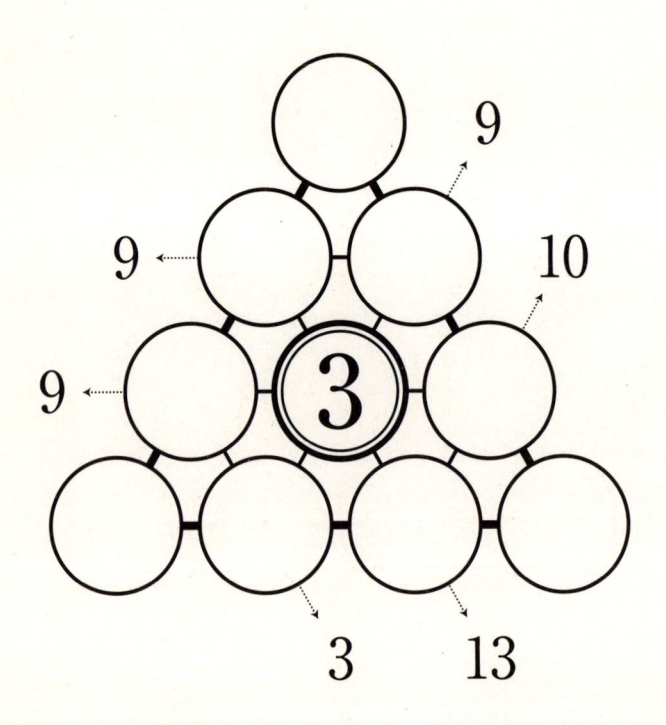

28

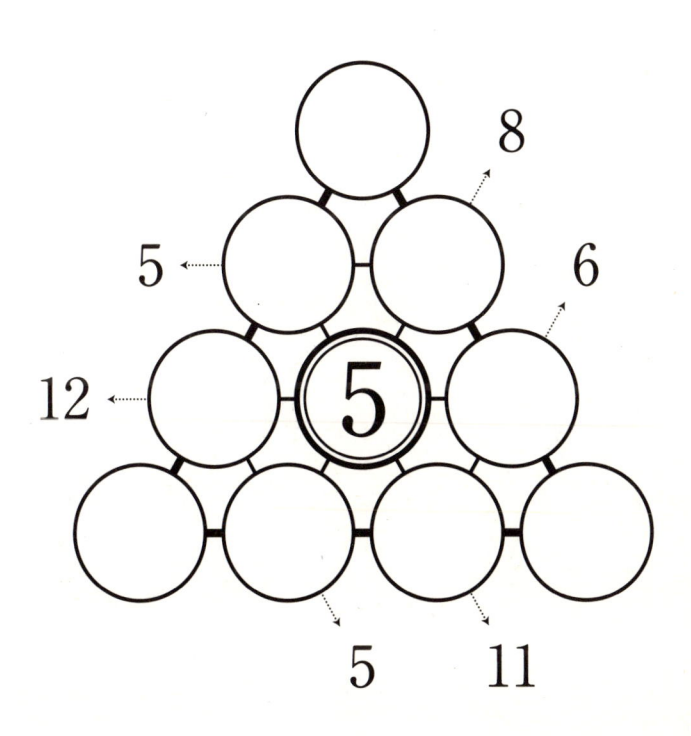

29

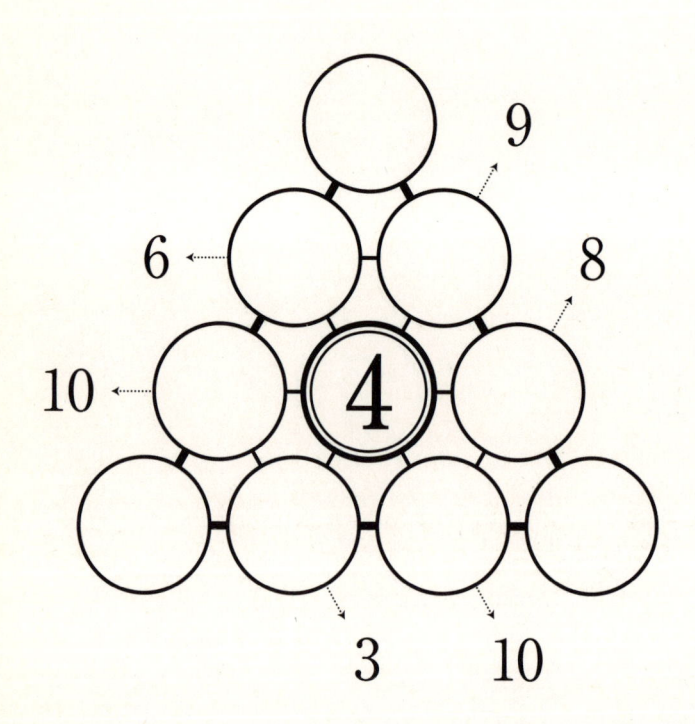

30

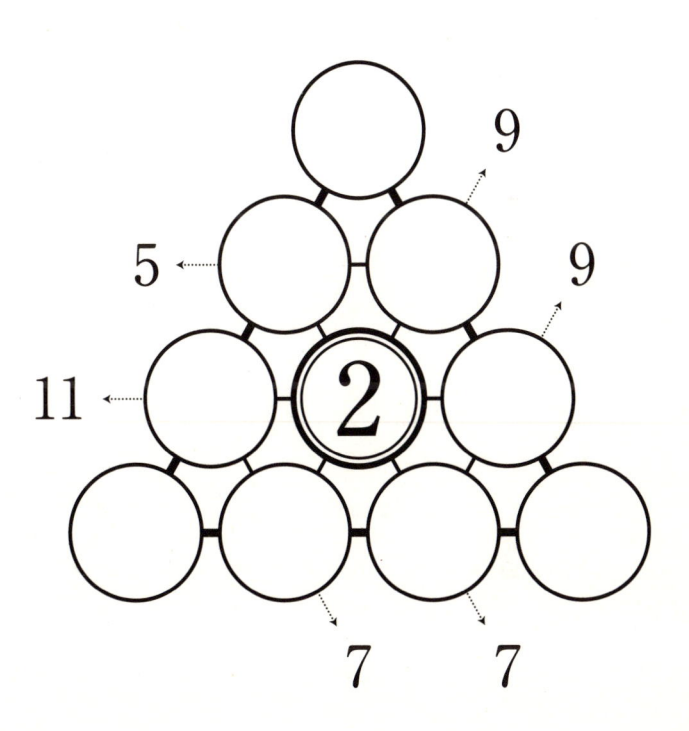

Puzzle: Pyramid of 10 circles. Center circle = 2.

Arrow clues:
- 5 → (second row, left)
- 9 → (second row, right, top arrow)
- 11 → (third row, left)
- 9 → (third row, right)
- 7 ↓ (bottom row)
- 7 ↓ (bottom row)

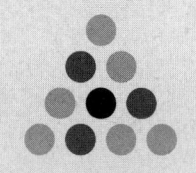

TRIANGLE PUZZLES

TRIANGLE PUZZLES
for advanced

[中級編]
31~96

各辺の4個の◯と、真ん中の◎の中には
1~5のそれぞれ異なる数字
が1個ずつ入ります。

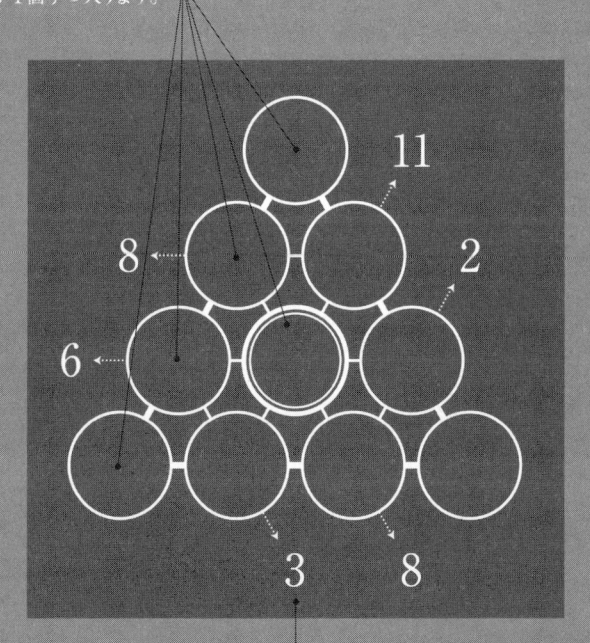

11

8

2

6

3   8

周りに書いてある数字は、
その線上の数字の和を
表しています。

31

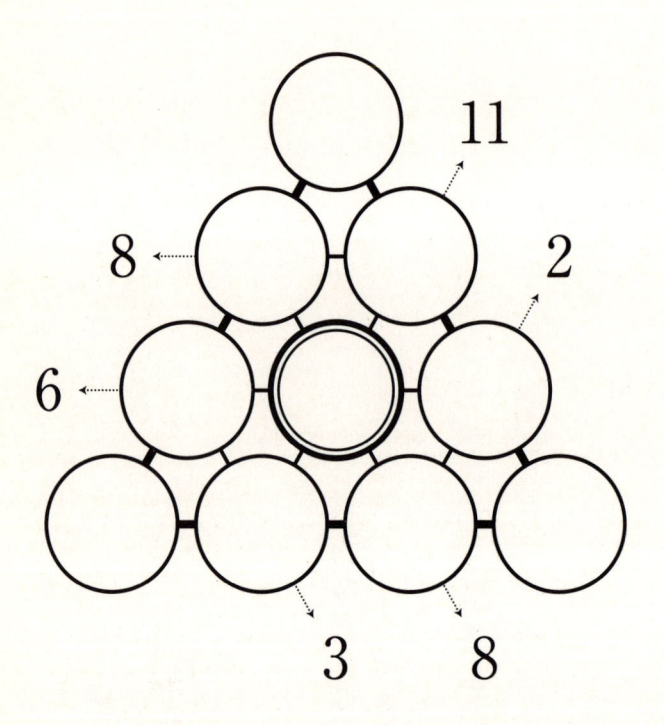

32

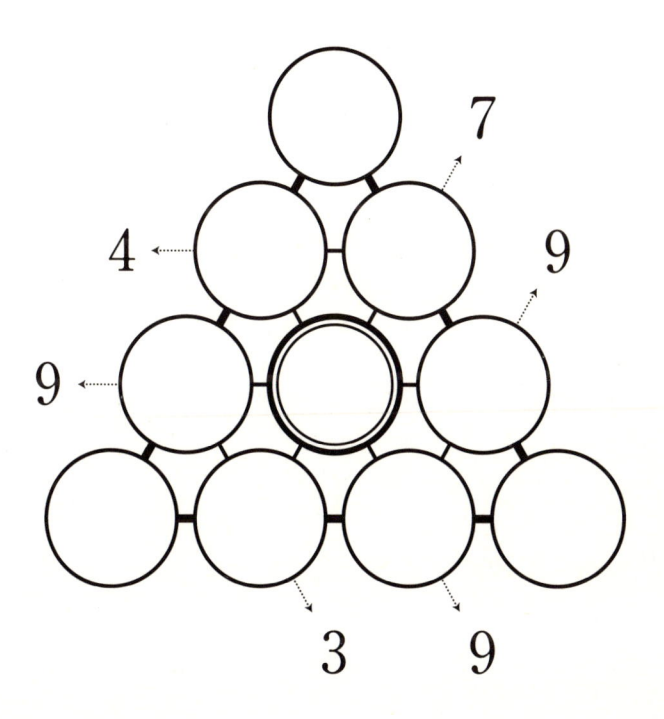

33

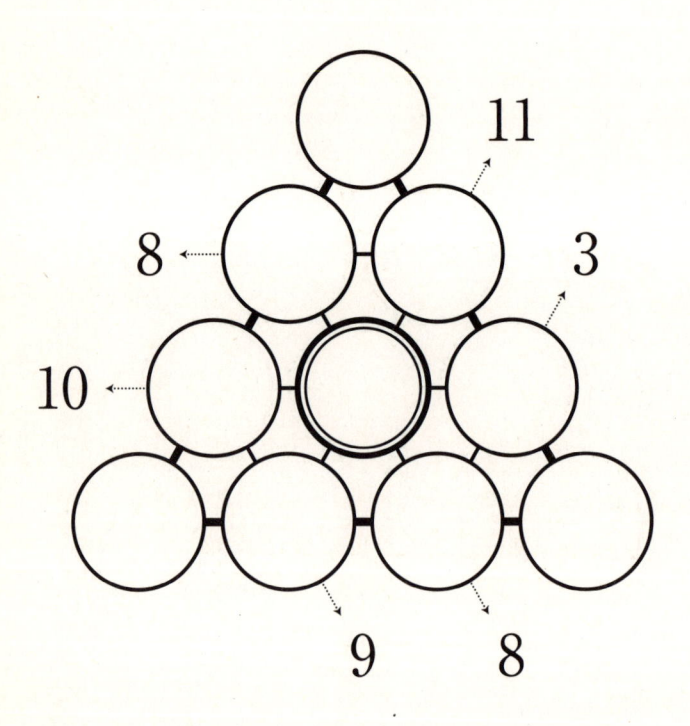

34

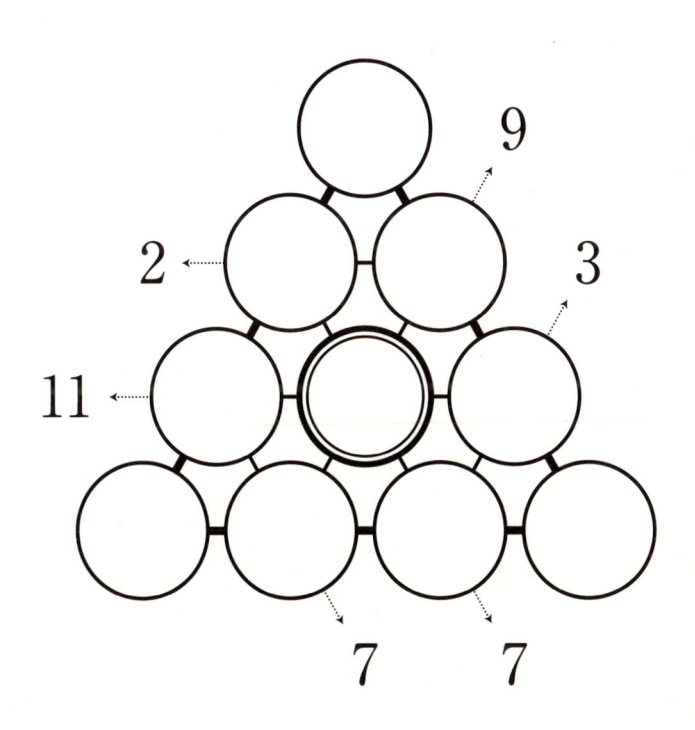

35

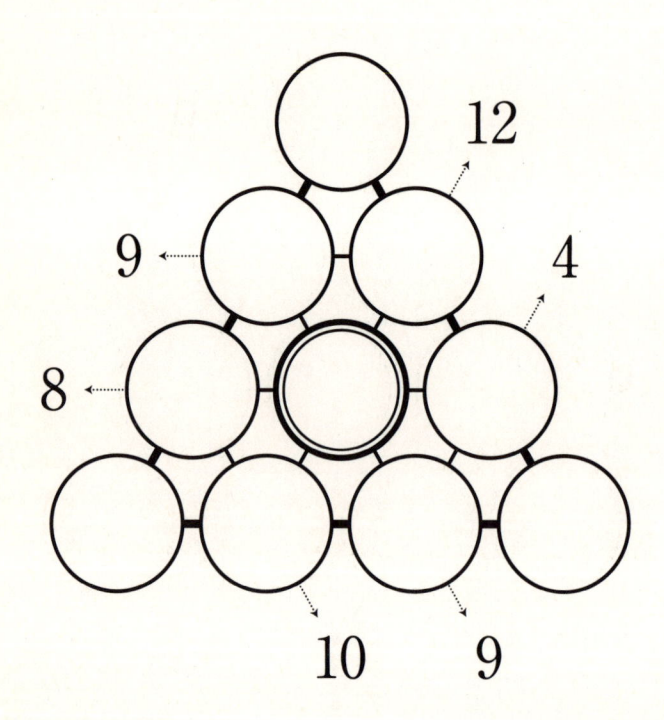

36

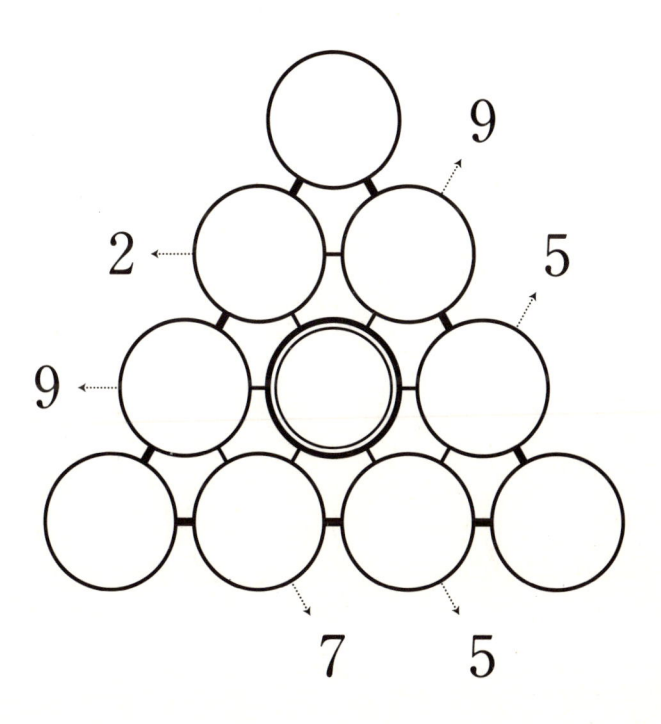

37

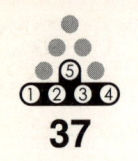

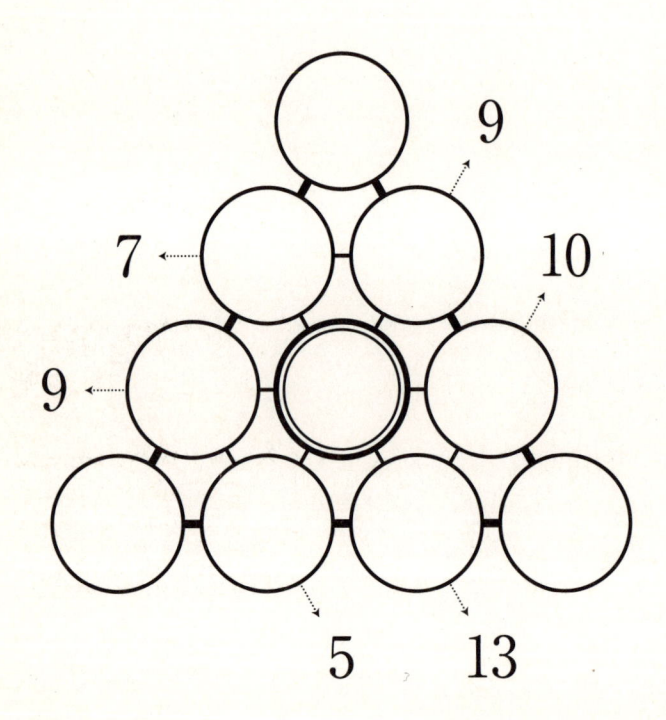

38

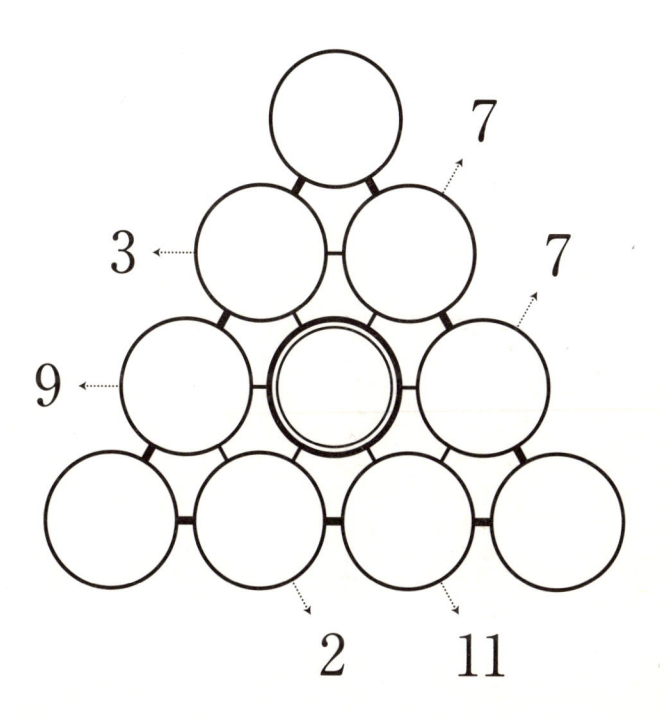

39

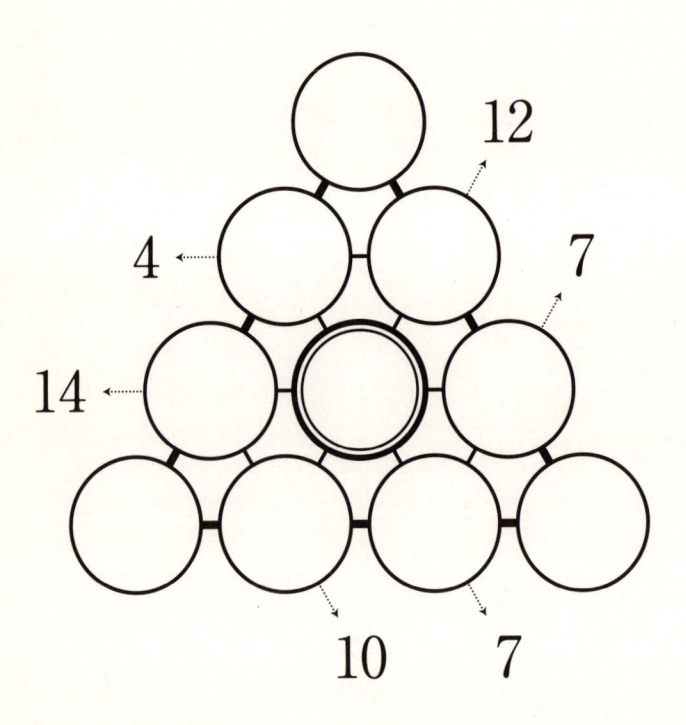

郵便はがき

112-8731

料金受取人払郵便

小石川局承認

1509

差出有効期間
平成28年5月
19日まで

東京都文京区音羽二丁目
十二番二十一号

講談社
ブルーバックス出版部 行

愛読者カード

あなたと出版部を結ぶ通信欄として活用していきたいと存じます。
ご記入のうえご投函くださいますようお願いいたします。

(フリガナ)
ご住所　　　　　　　　　　　　　　　　　　〒□□□-□□□□

(フリガナ)　　　　　　　　　　　　　　　　生年月日(西暦)
お名前

電話番号　　　　　　　　　　　　　　　　性別　1 男性　2 女性

メールアドレス

★ブルーバックスの総合解説目録を用意しております。
　ご希望の方に進呈いたします（送料無料）。
　1 希望する　　2 希望しない
★今後、講談社から各種ご案内やアンケートのお願いをお送りしてもよろしいでしょうか。ご承諾いただける方は、下の□の中に○をご記入ください。　□　**講談社からの案内を受け取ることを承諾します**

TY 2189736-1404

〈世界初　鍵本聡の頭がよくなる三角パズル〉
① **本書をどのようにしてお知りになりましたか。**
　1　新聞広告（朝・読・毎・日経・他）　2　雑誌広告（誌名　　　　　　　）
　3　書店で実物を見て　4　先生に勧められて　5　友人・知人に勧められて
　6　新聞・雑誌の書評（新聞・雑誌名　　　　　　　　　　　　　　　　　）
　7　その他（　　　　　　　　　　　　　　　　　　　　　　　　　　　　）

② **ご職業**　　1　大学院生（理系・文系）　2　大学生（理系・文系）　3　短大生
　4　高校生　5　各種学校生徒　6　教職員（小・中・高・大・他）　7　研究職
　8　会社員・公務員（技術系）　9　会社員・公務員（事務系）　10　会社役員
　11　自営　12　主婦　13　無職　14　その他（　　　　　　　　　　　　　）

③ **本書の値段について。**
　1　ちょうどよい　　　2　高い　　　3　安い

④ **本書をお読みになって（複数回答可）。**
　1　むずかしすぎる　　2　普通　　　　3　やさしい
　4　おもしろい　　　　5　参考になった　6　つまらない

⑤ **本書はブルーバックス出版部が制作しました。今までに、ブルーバックスを何冊くらいお読みになりましたか。**
　1　1～3冊　　2　4～20冊　　3　21冊以上（　　冊）　4　読んだことがない

⑥ **本書についてのご意見・ご感想、および、ブルーバックスの内容や宣伝面についてのご意見・ご感想・ご希望をお聞かせください。**

⑦ **小社発行の読書人のための月刊ＰＲ誌「本」（年間購読料900円）のご購読を受け付けております。**
　1　定期購読中　　　2　定期購読を申し込む　　　3　申し込まない

★下記ＵＲＬで、ブルーバックスの新刊情報、話題の本などがご覧いただけます。
　　　　　　　http://www.bookclub.kodansha.co.jp/books/bluebacks/
★ブルーバックスの最新刊、編集部お勧めの1冊など、独自情報満載の電子メールマガジン「ブルーバックス・メール」を無料配信中。
　下記ＵＲＬでお申し込みを受け付けております。
　　　　　　　http://eq.kds.jp/kmail/

40

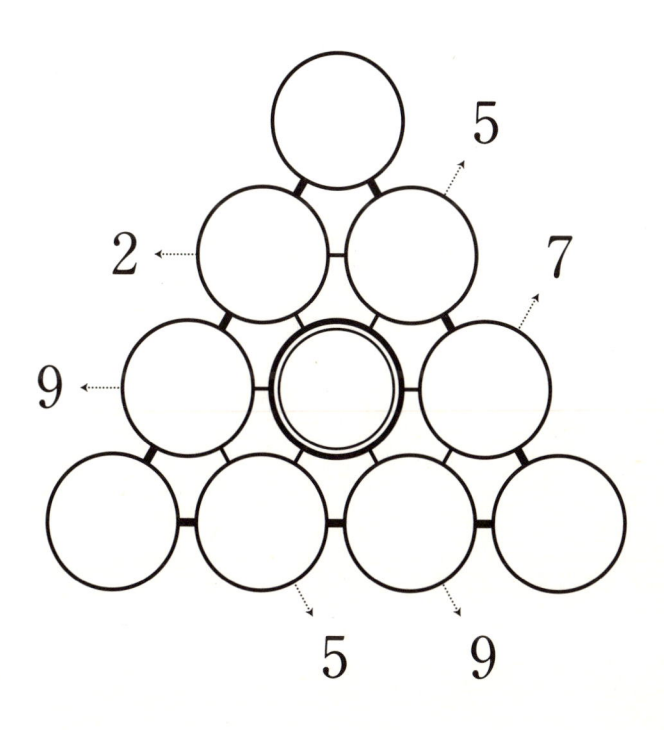

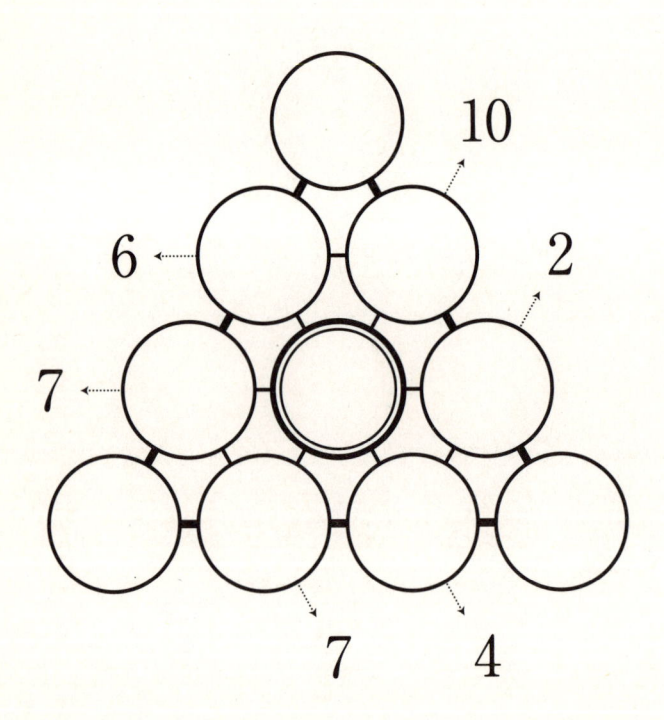

41

42

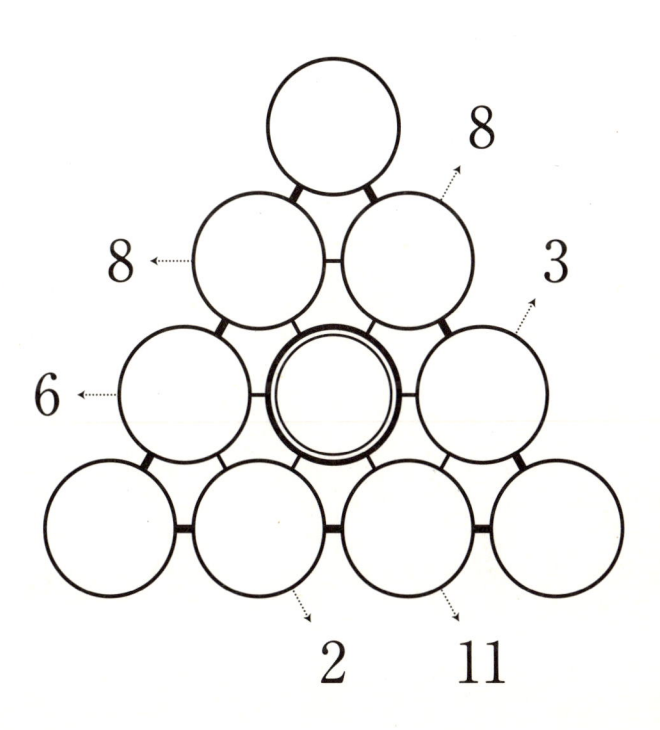

43

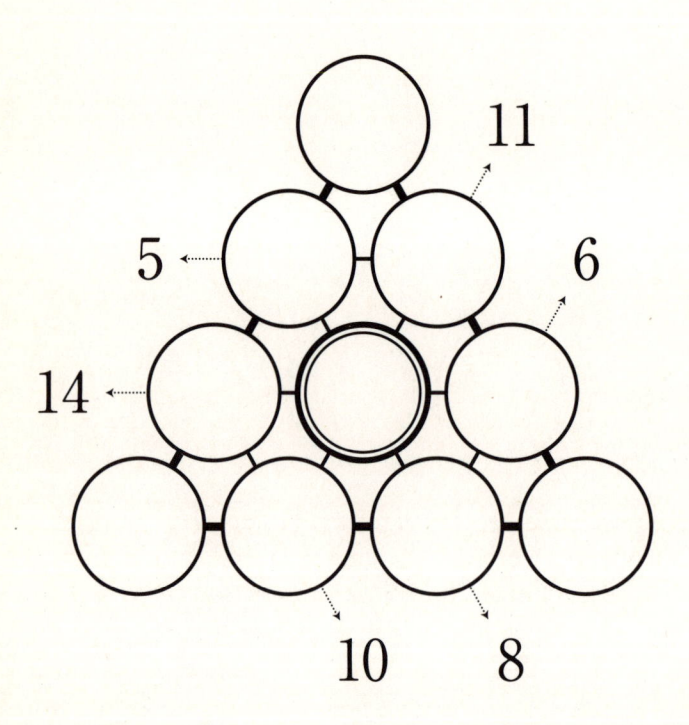

44

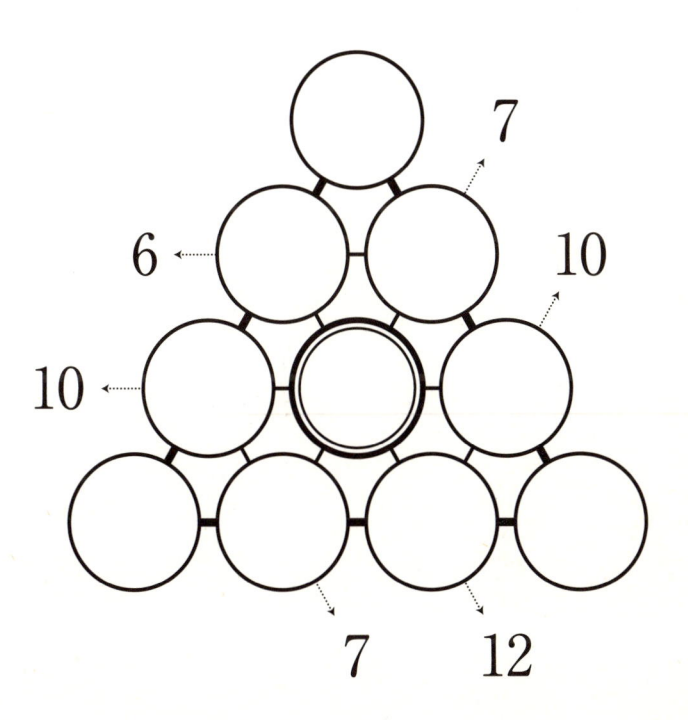

45

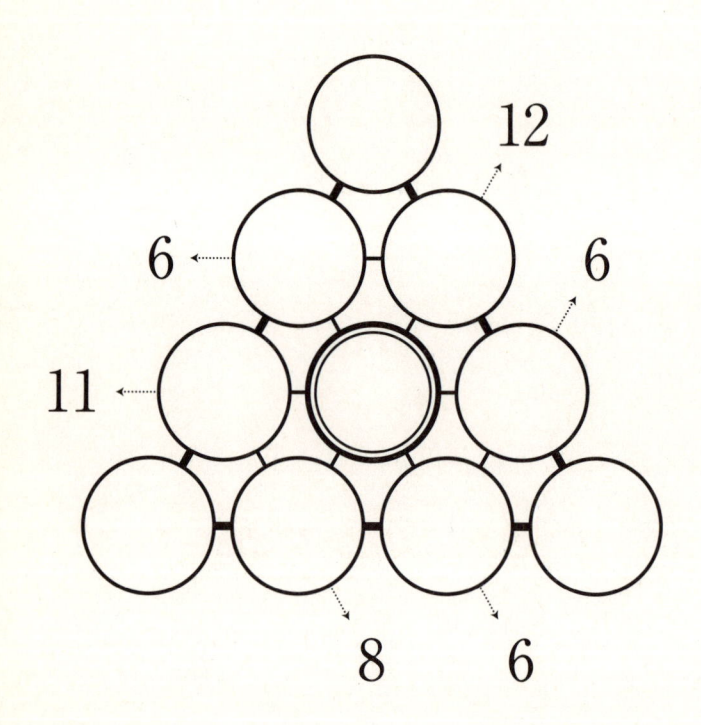

46

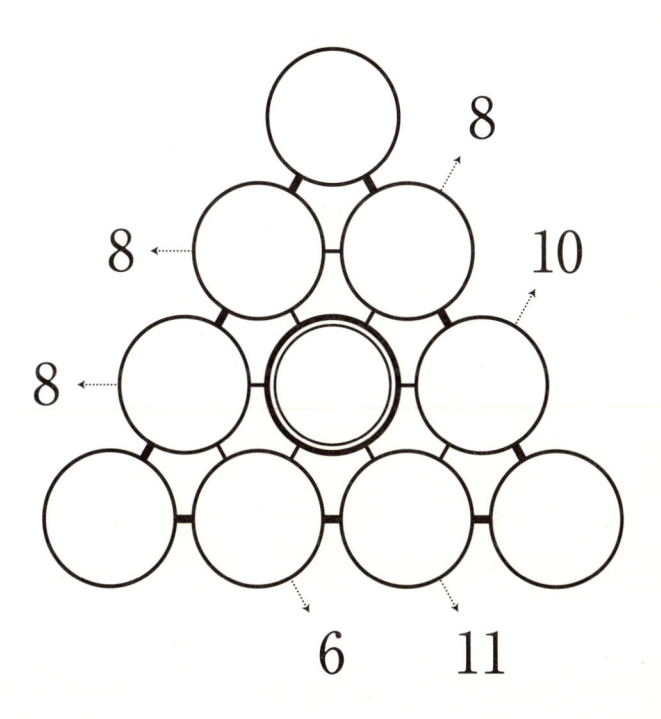

47

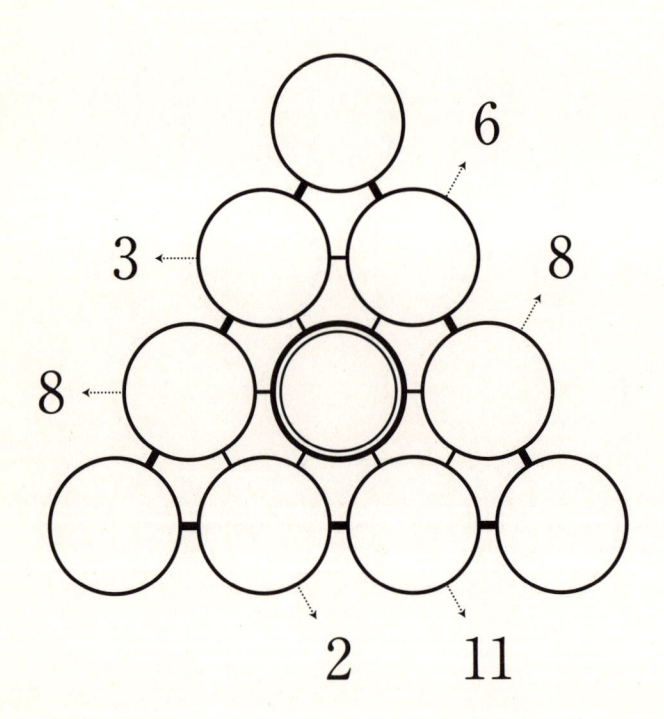

48

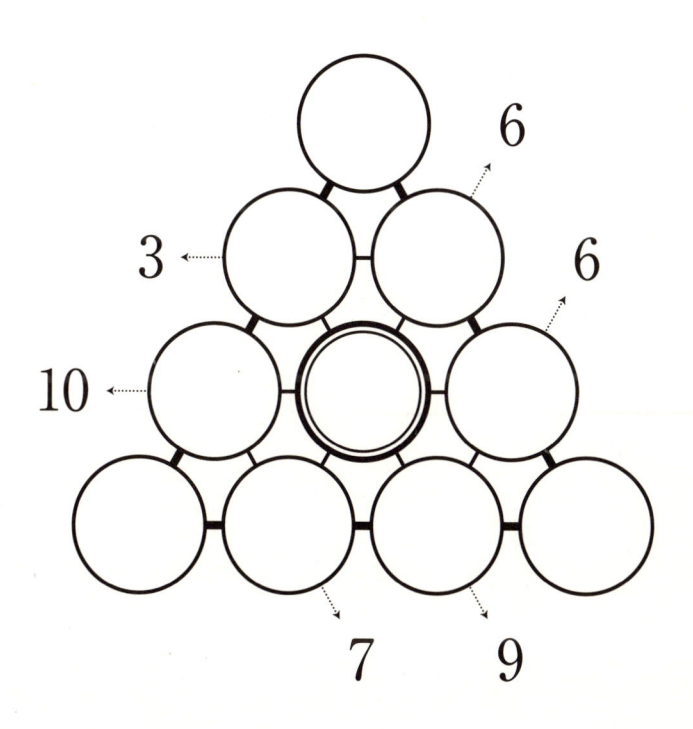

49

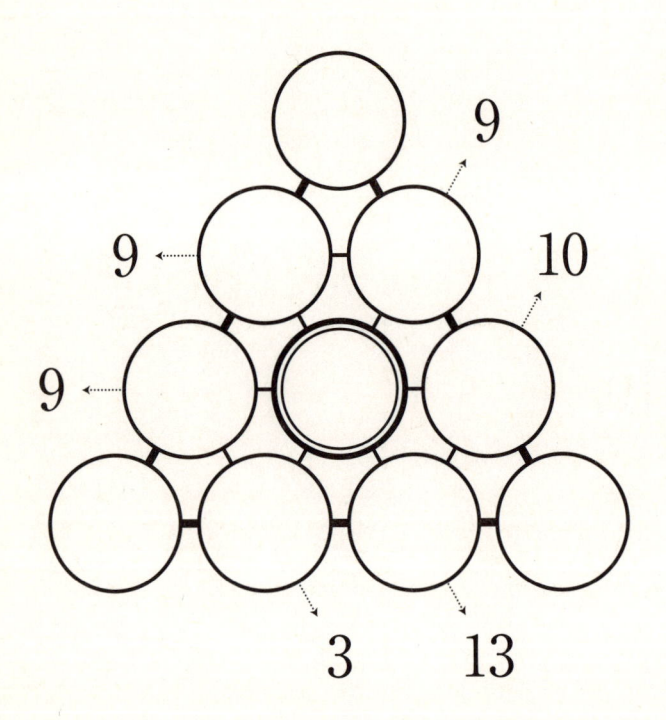

50

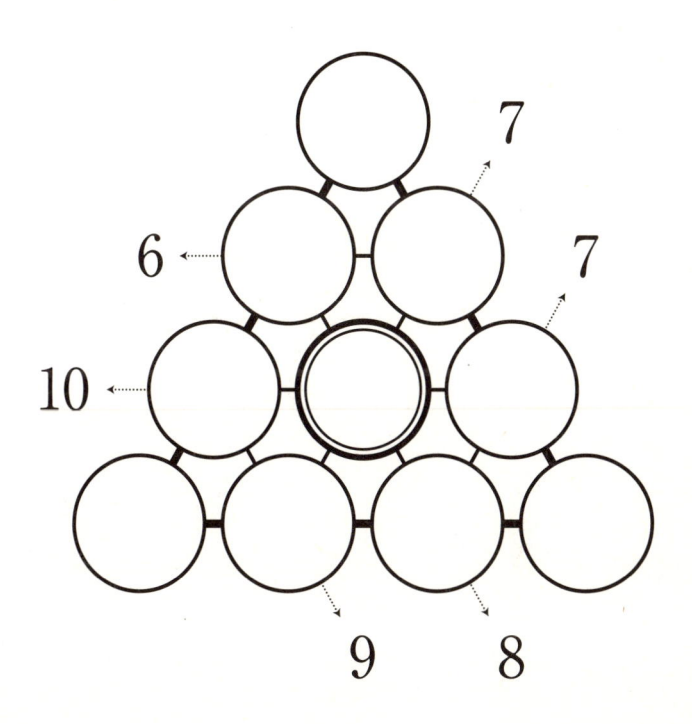

6 ←

7 ↗

10 ←

7 ↗

9 ↙ 8 ↙

51

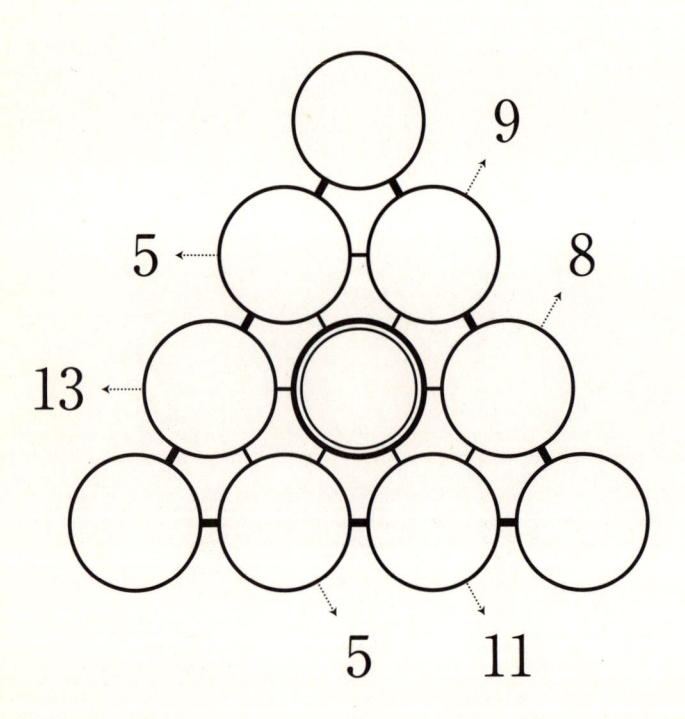

9 →
5 ←
8 →
13 ←
5   11

52

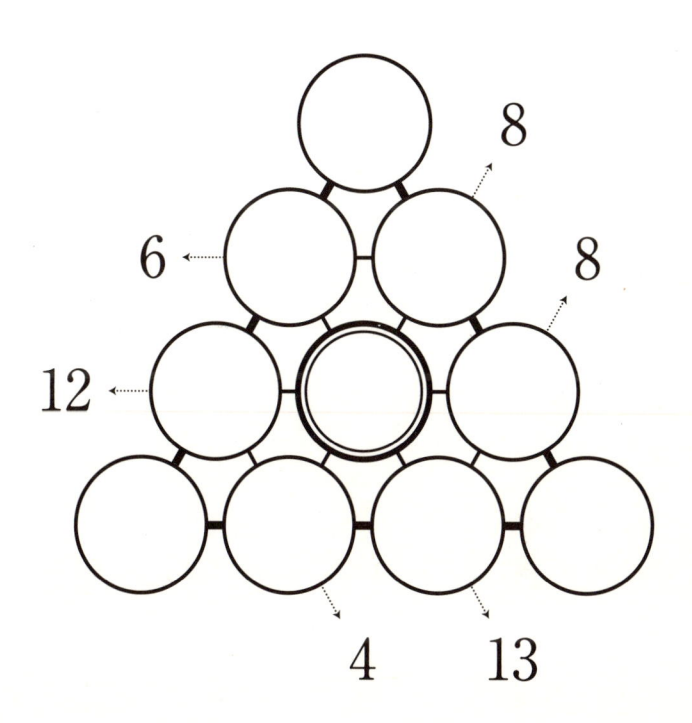

53

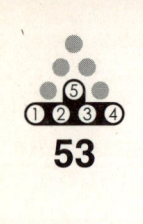

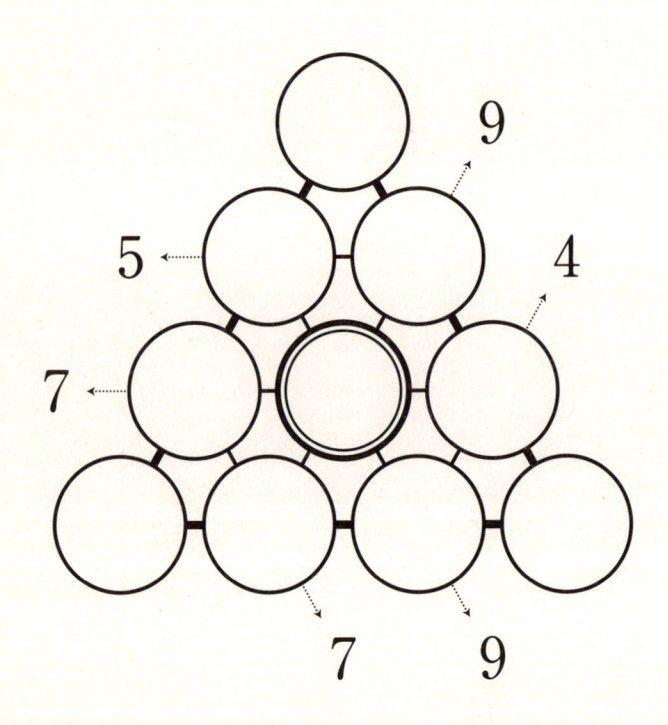

54

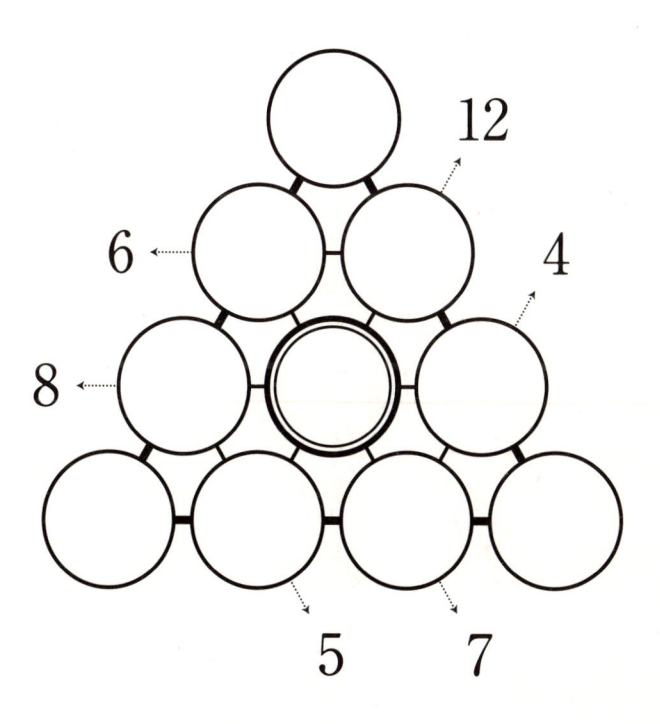

55

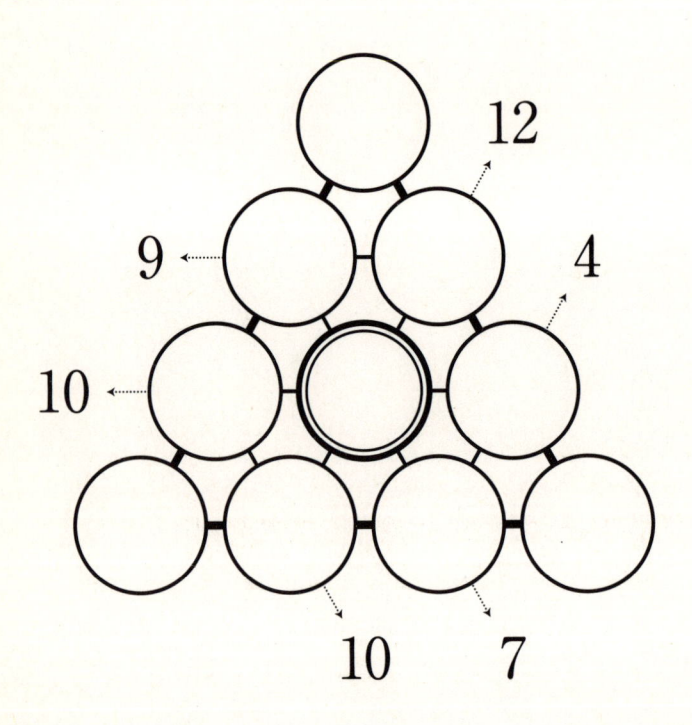

9 ← 　　　　→ 12

10 ← 　　　　→ 4

　　　↓　　↕
　　10　　7

56

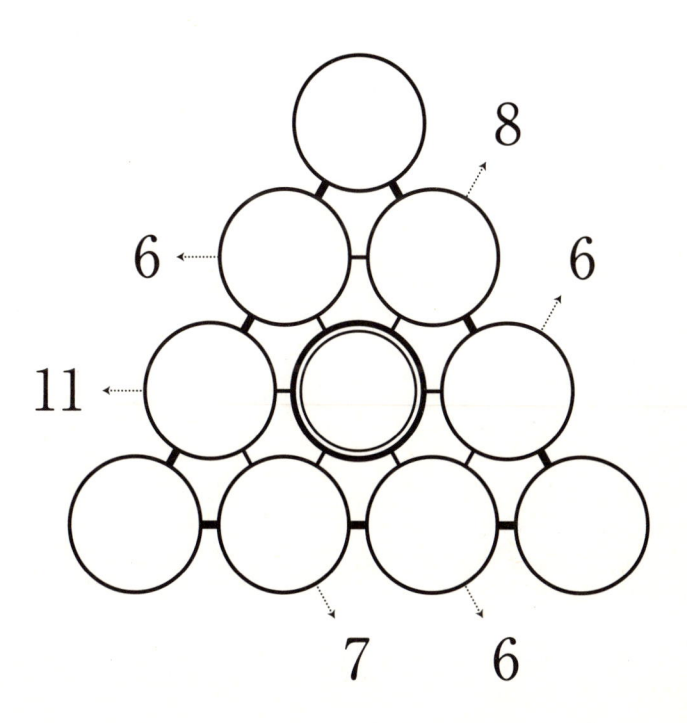

57

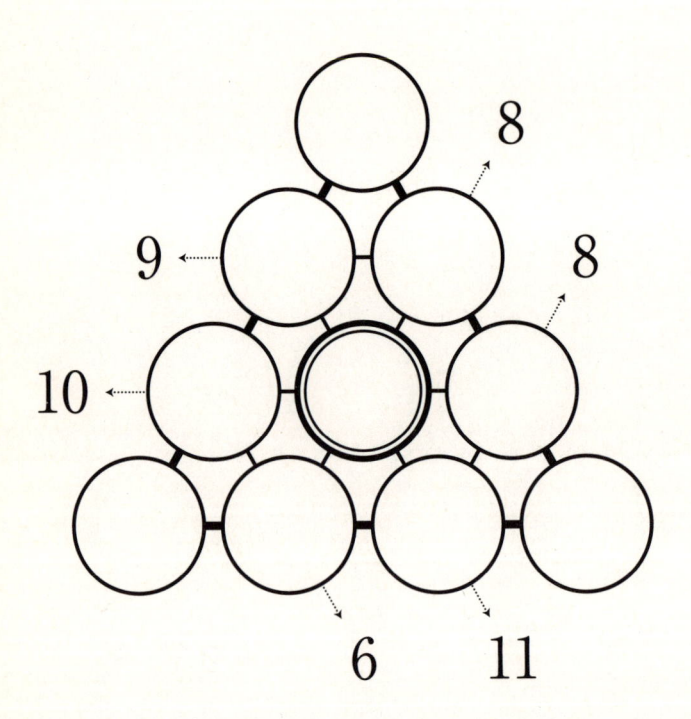

58

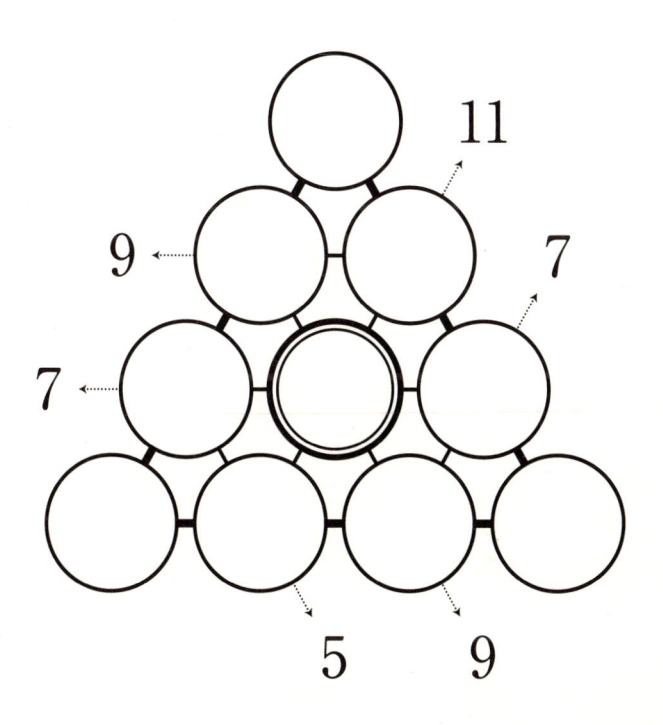

59

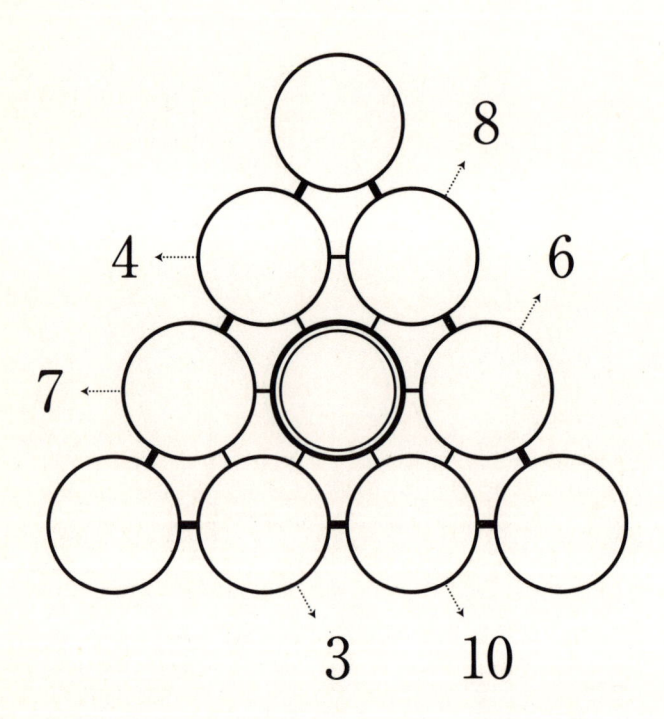

60

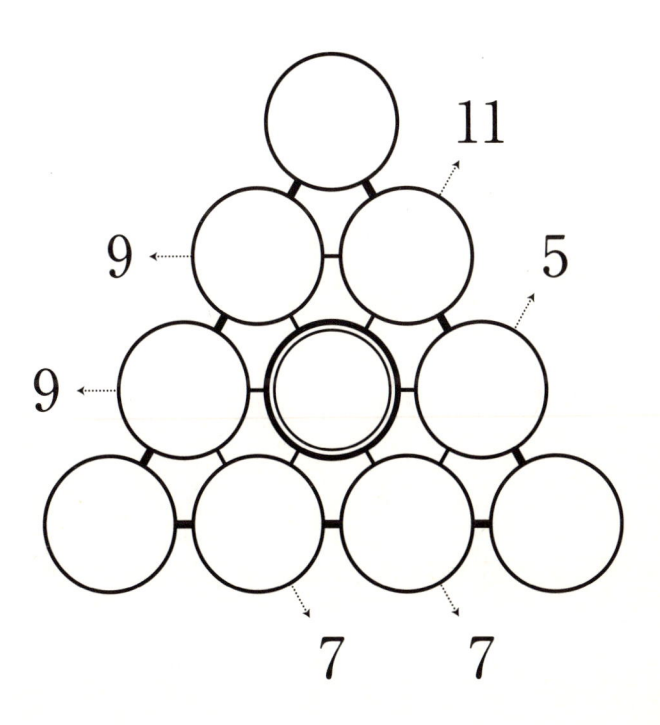

61

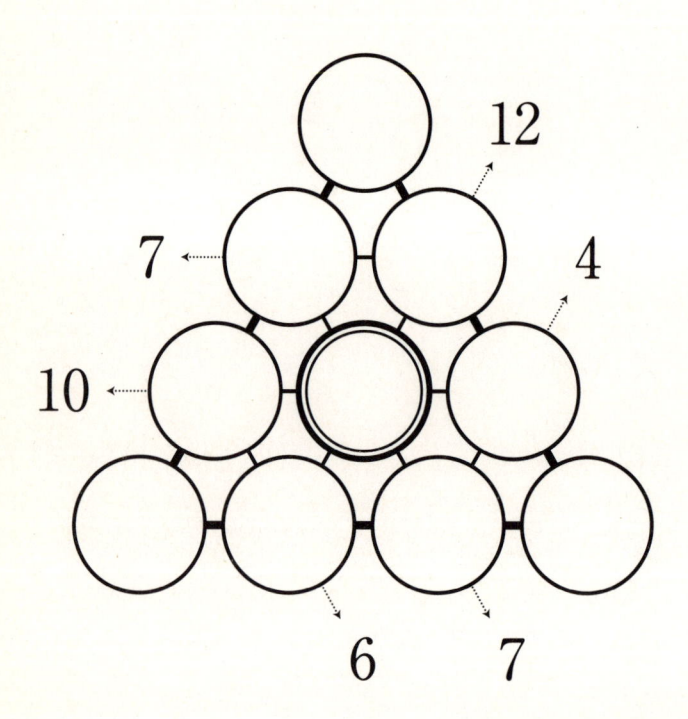

62

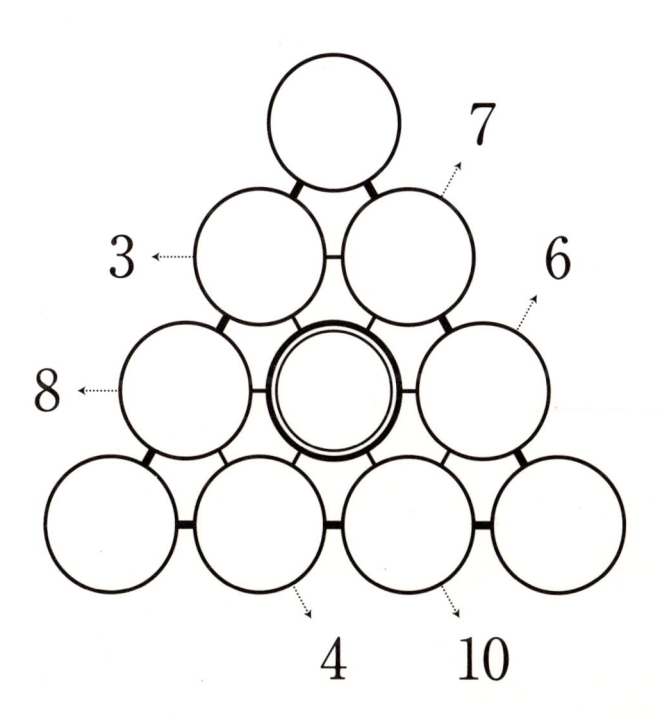

63

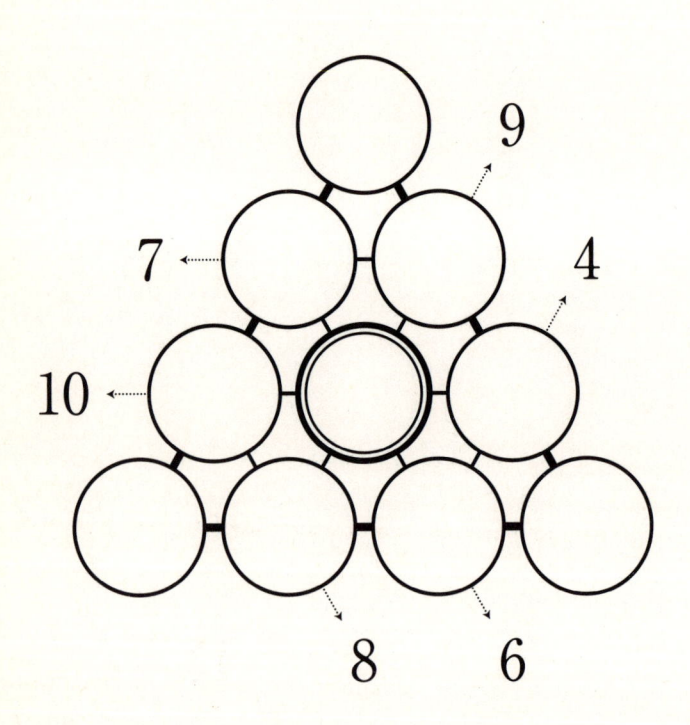

64

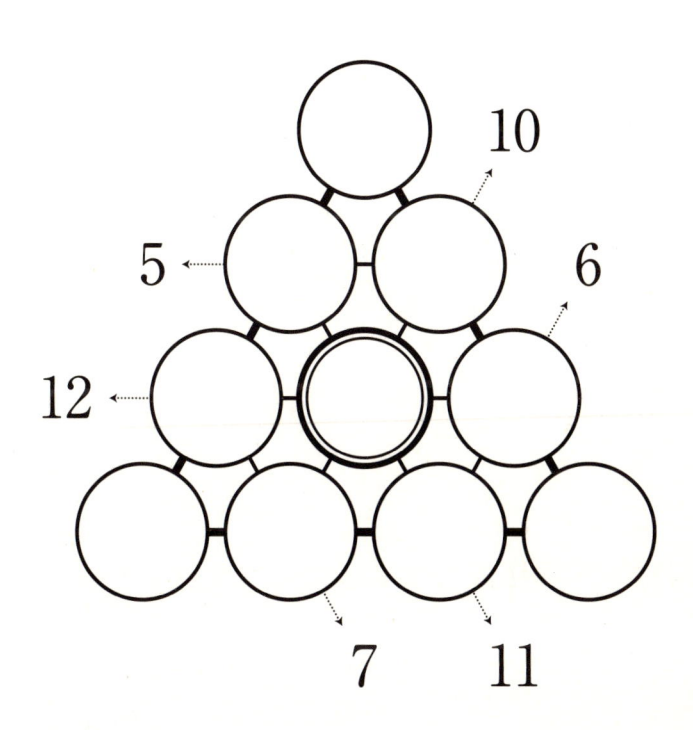

65

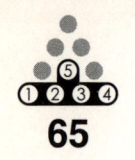

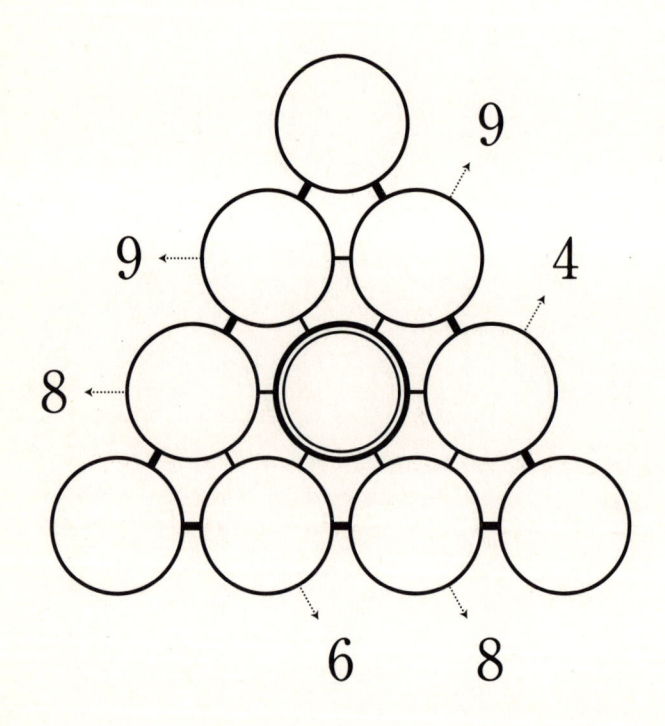

Arrows with clues:
- Top-right diagonal: 9
- Upper-left diagonal: 9
- Middle-left: 8
- Middle-right: 4
- Bottom arrows: 6, 8

66

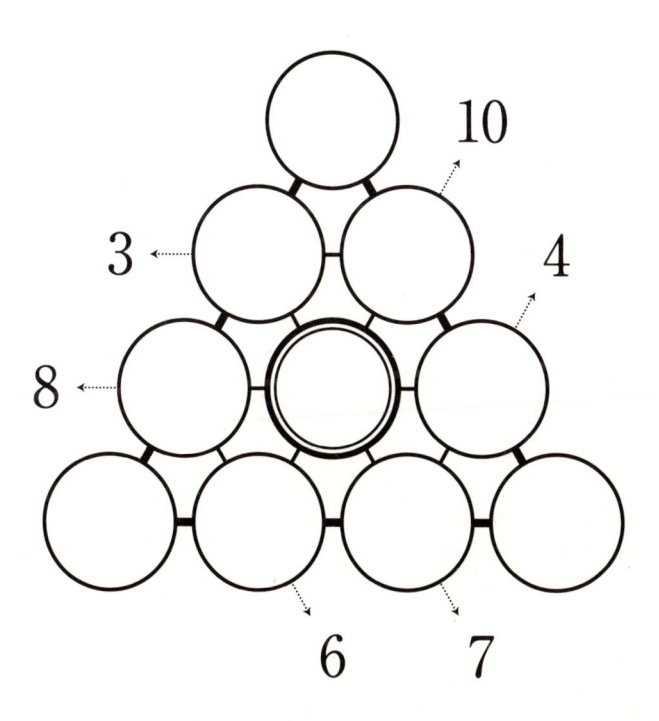

67

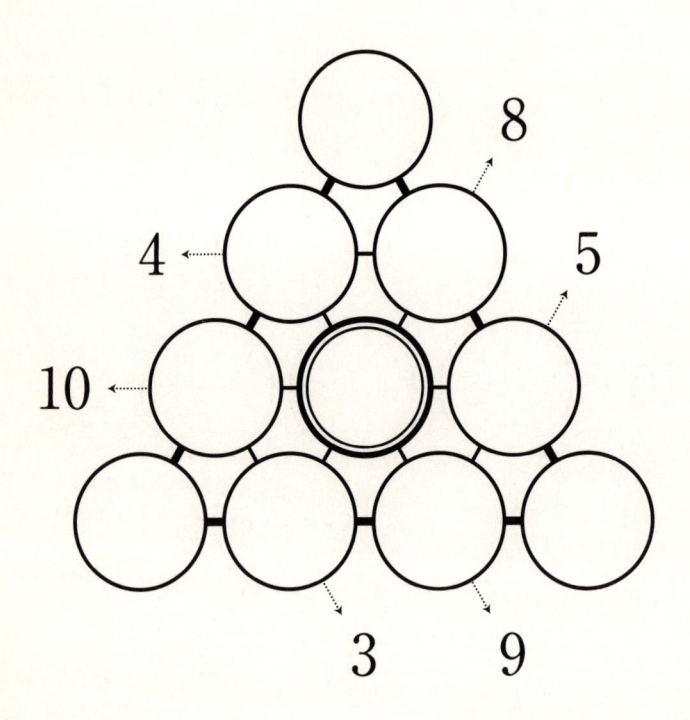

68

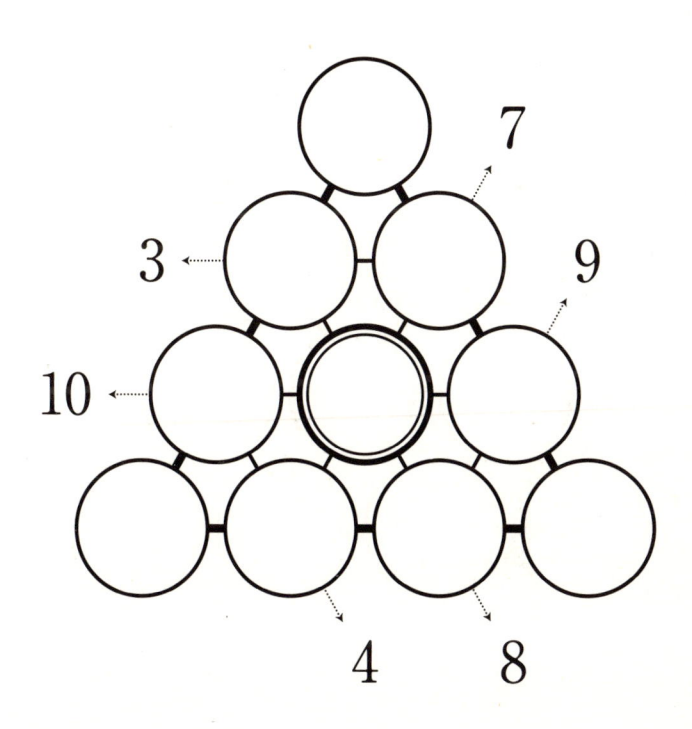

69

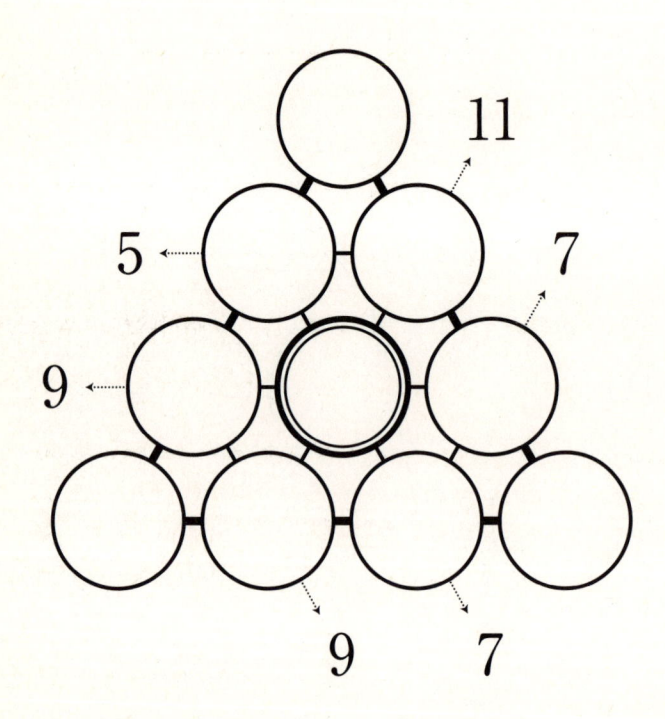

Diagonal sums indicated:
- 11 (top-right diagonal)
- 5 (left side of second row)
- 7 (right side)
- 9 (left side of third row)
- 9, 7 (bottom row diagonals)

70

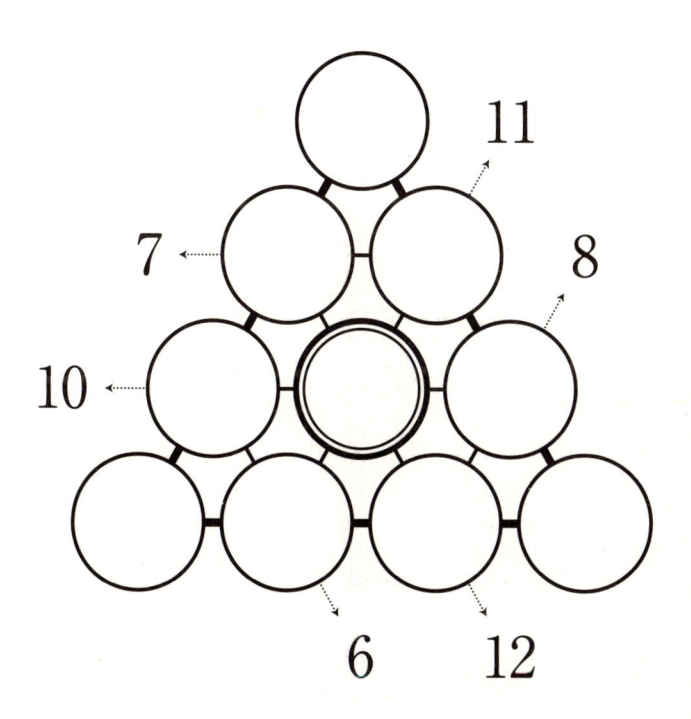

71

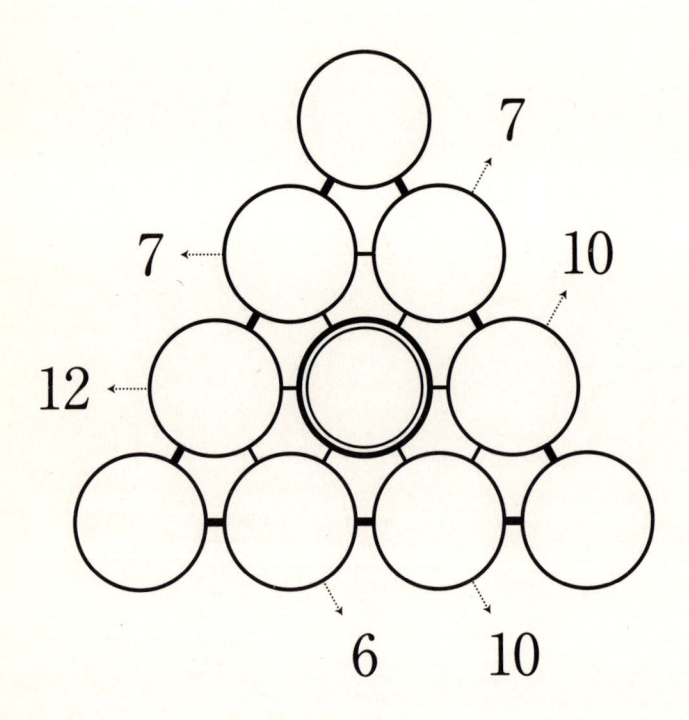

72

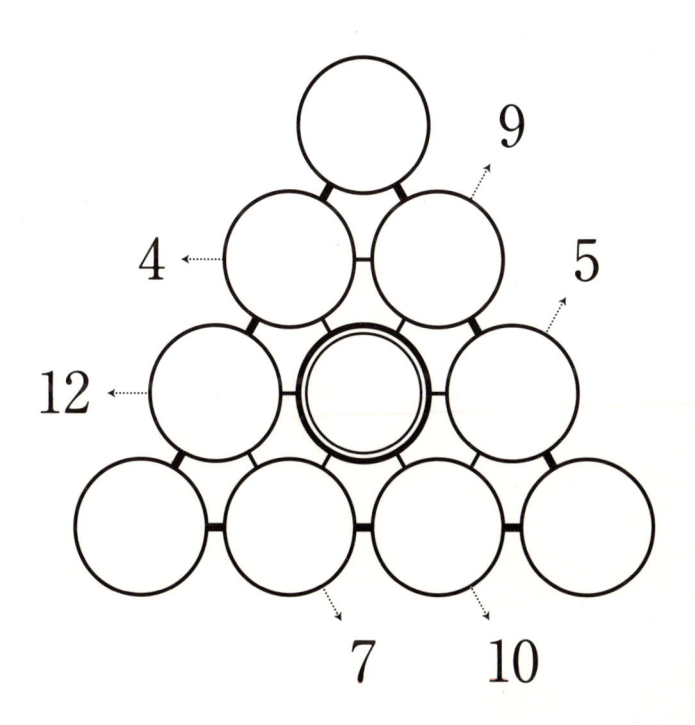

73

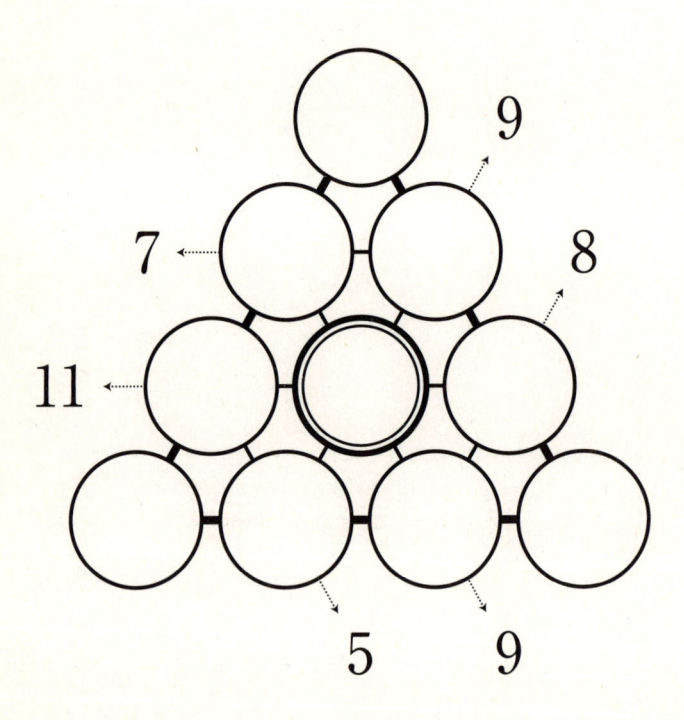

74

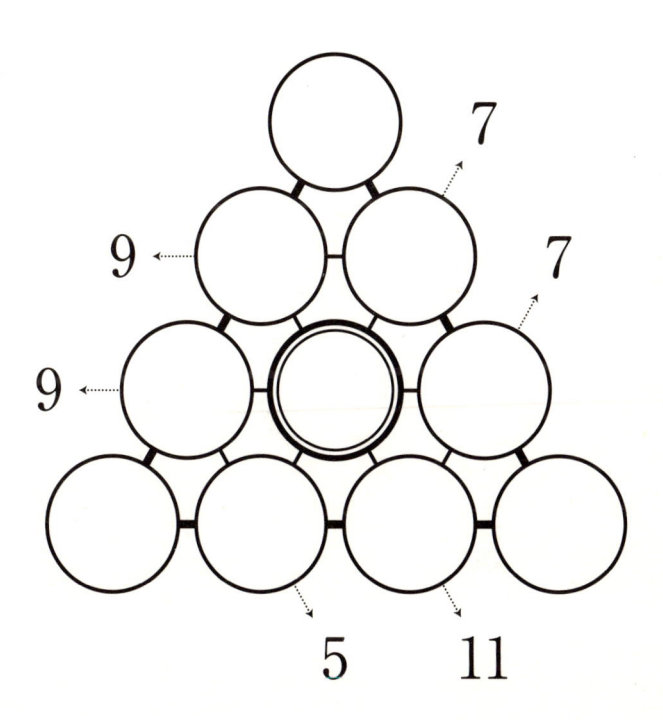

75

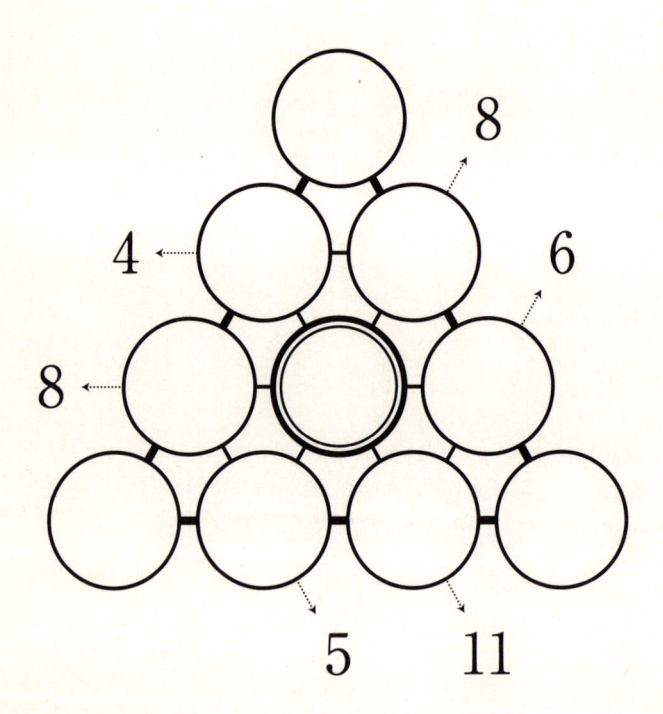

76

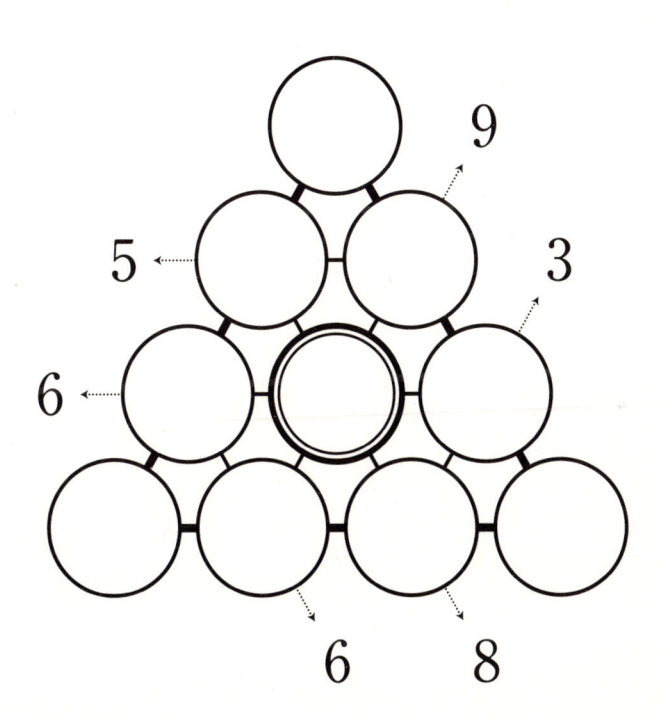

77

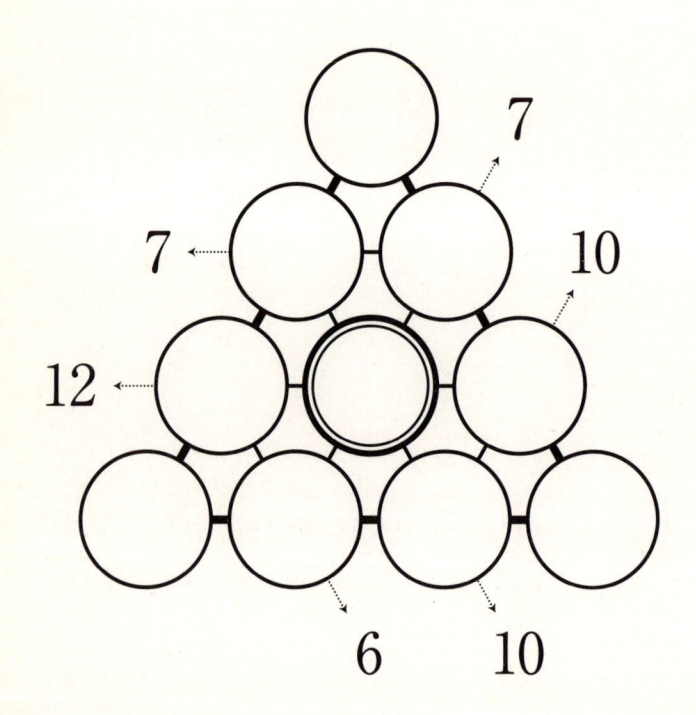

78

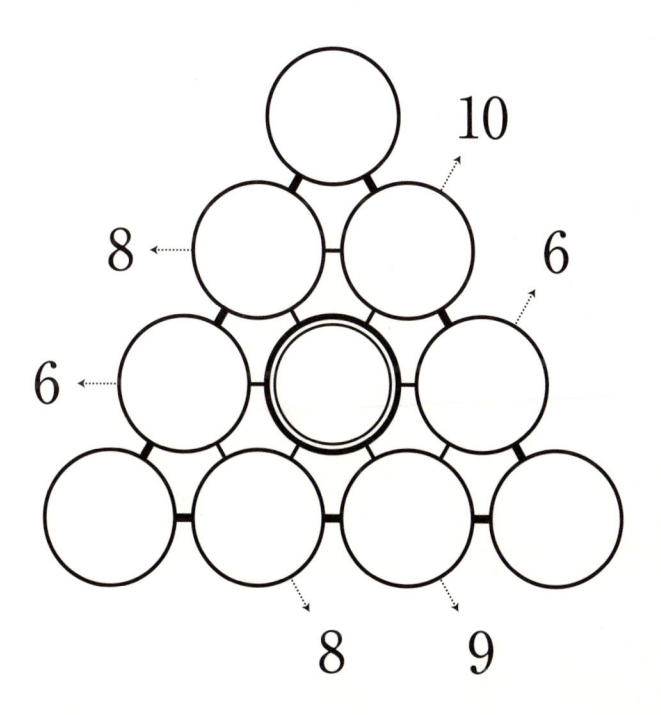

79

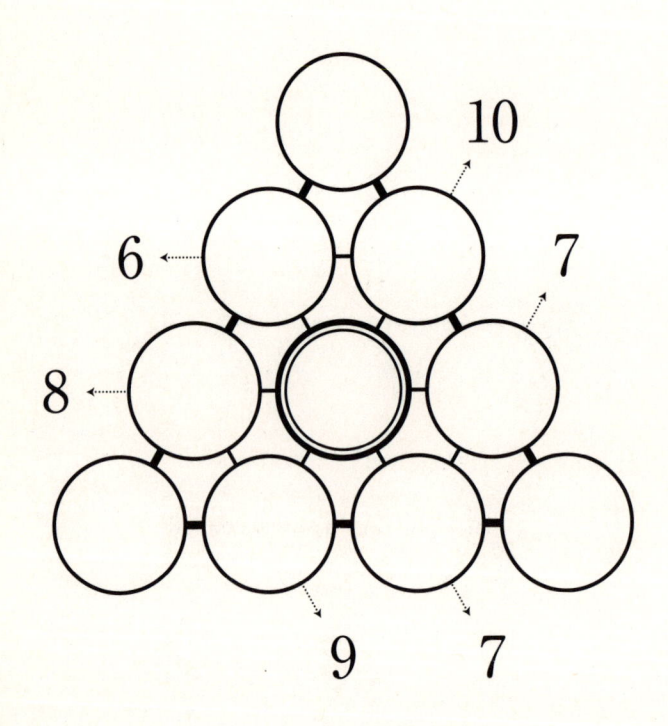

80

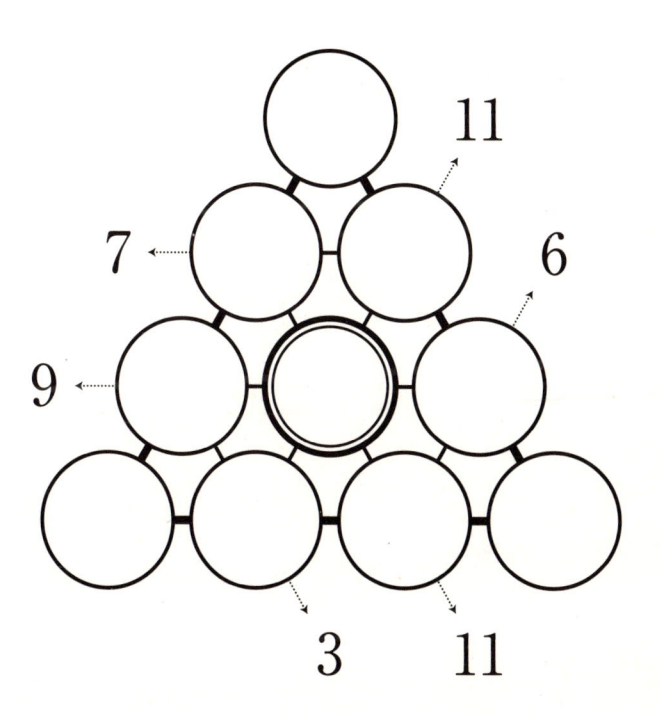

81

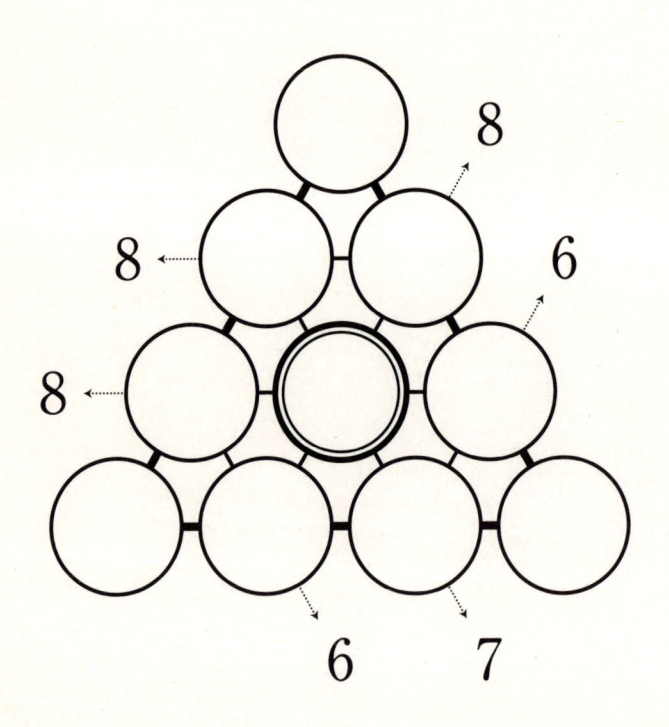

82

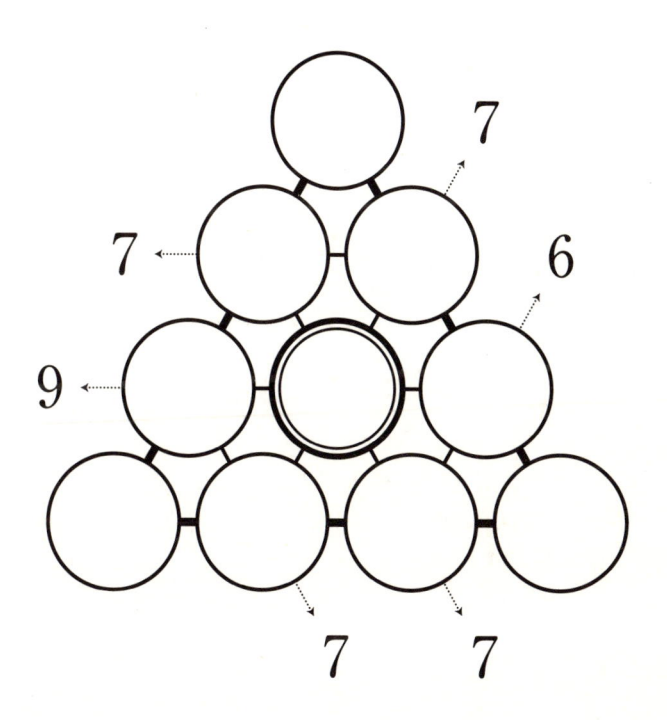

83

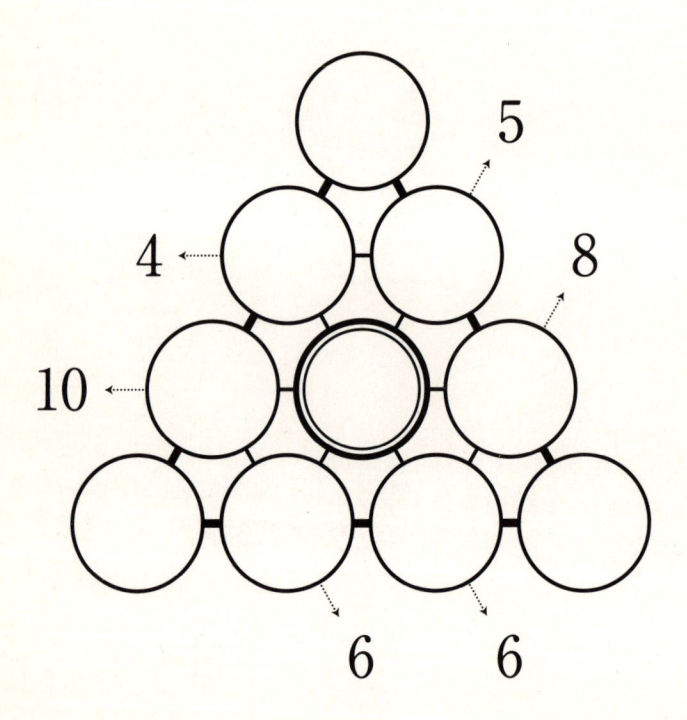

84

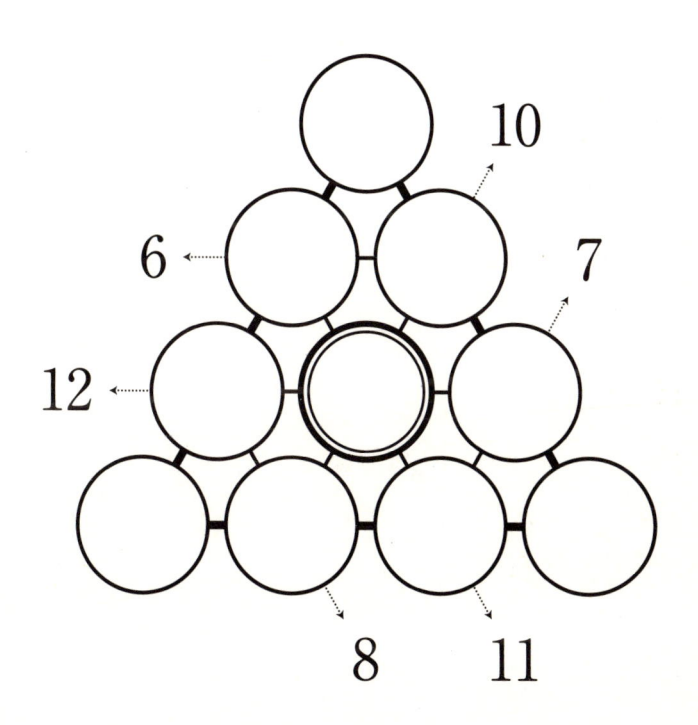

85

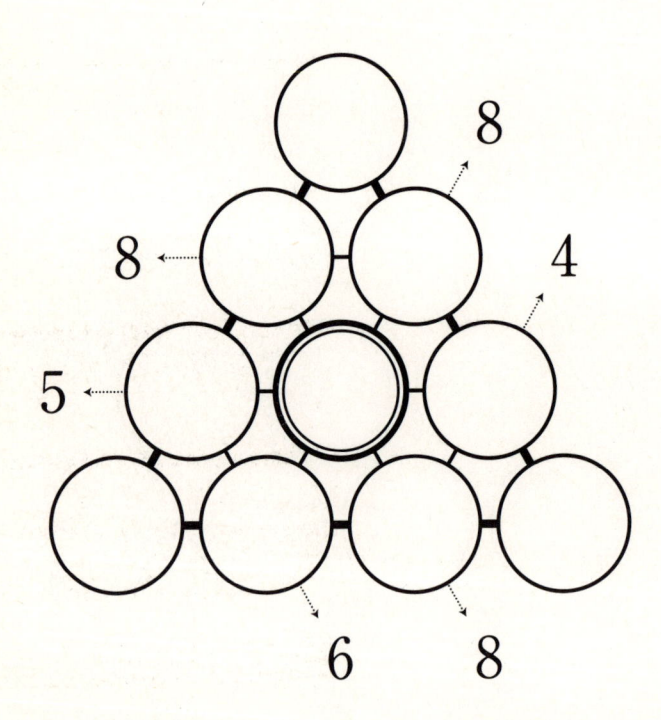

86

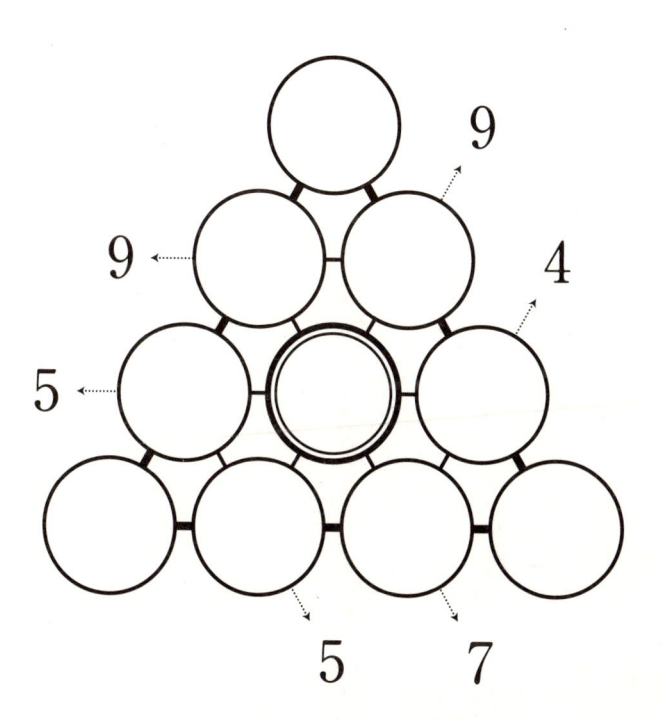

87

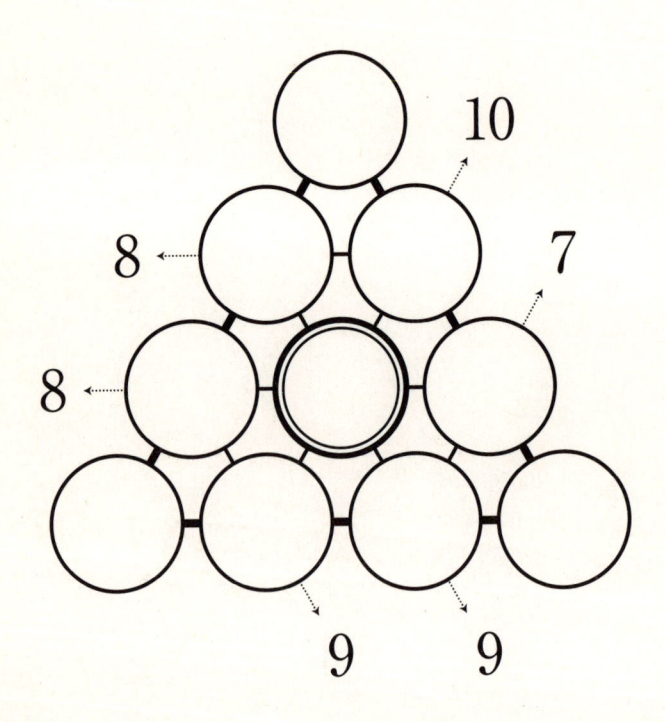

88

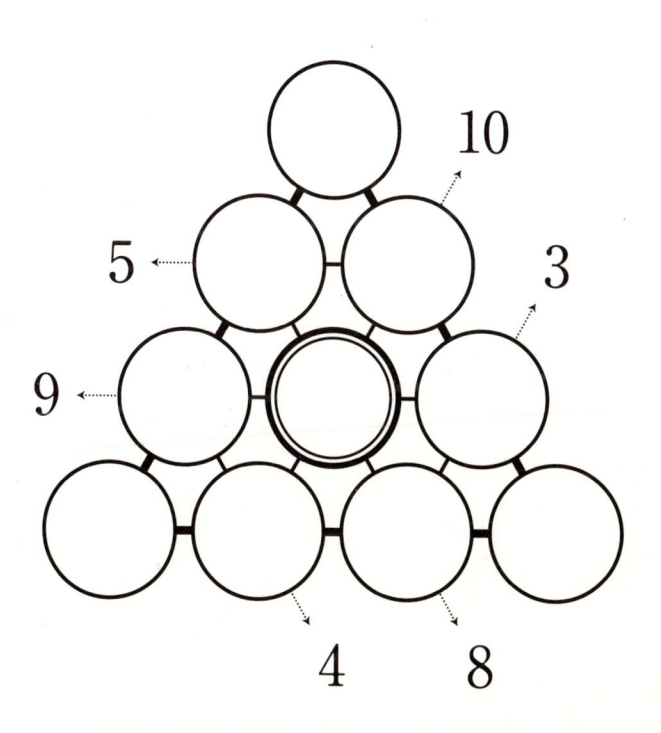

5 ← ... 10

9 ← ... 3

... 4 8 ...

89

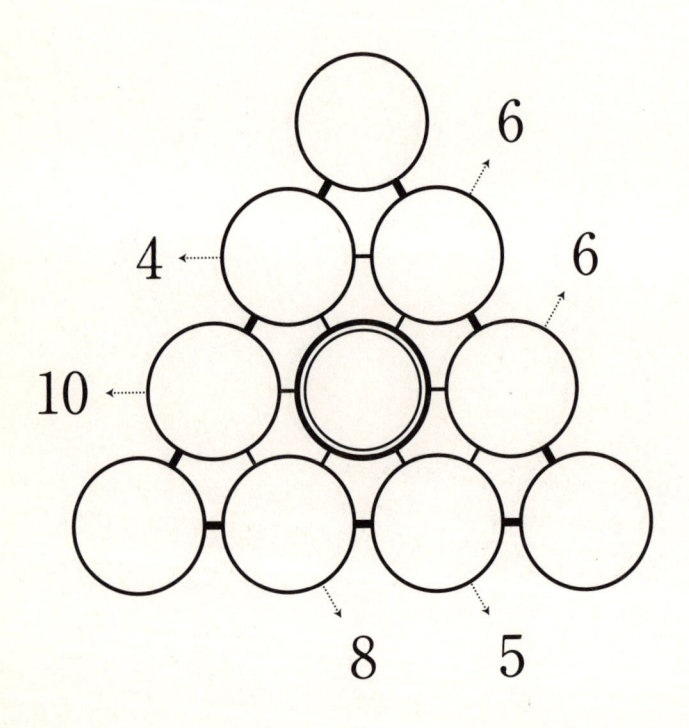

90

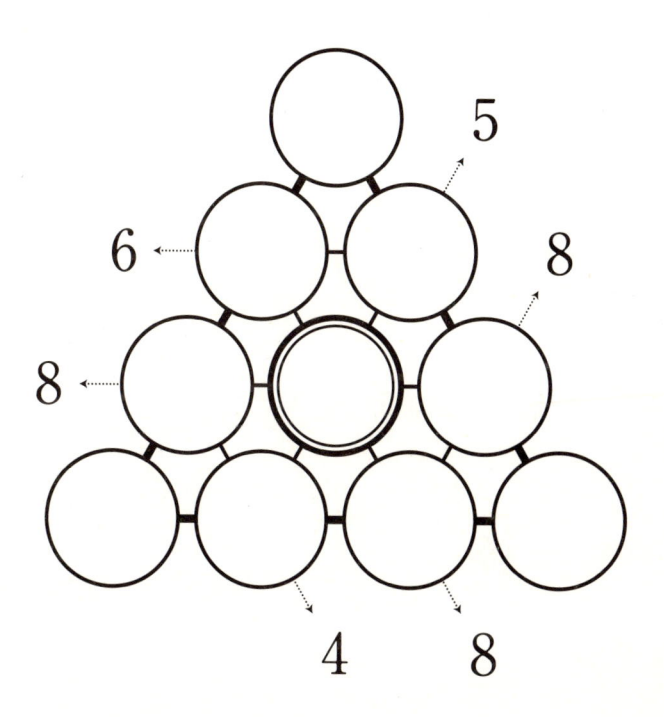

91

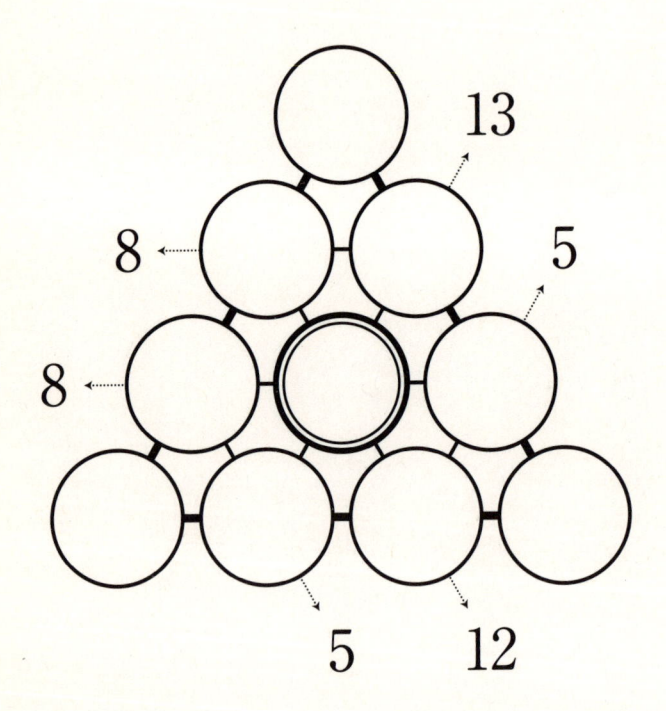

92

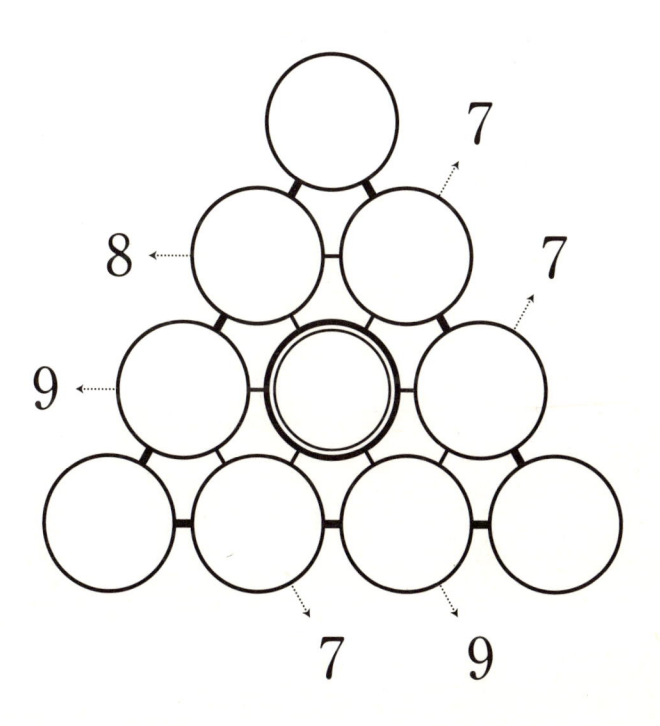

93

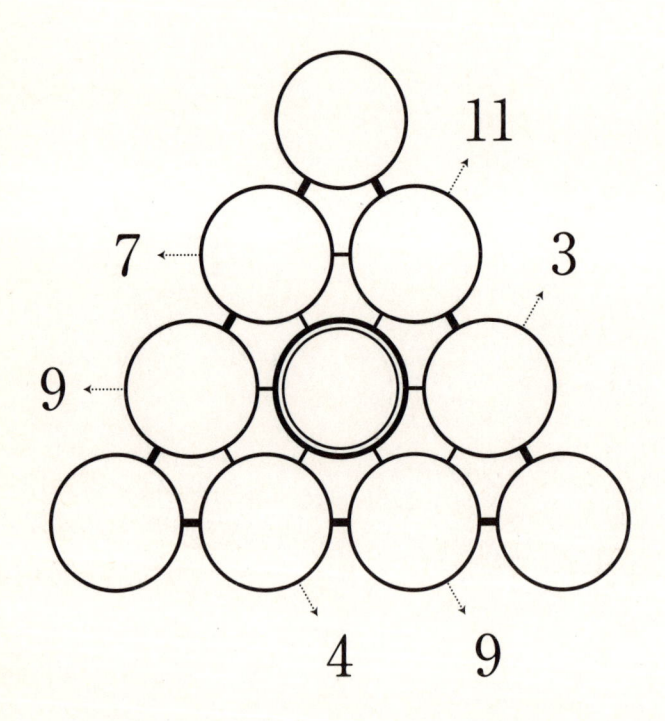

94

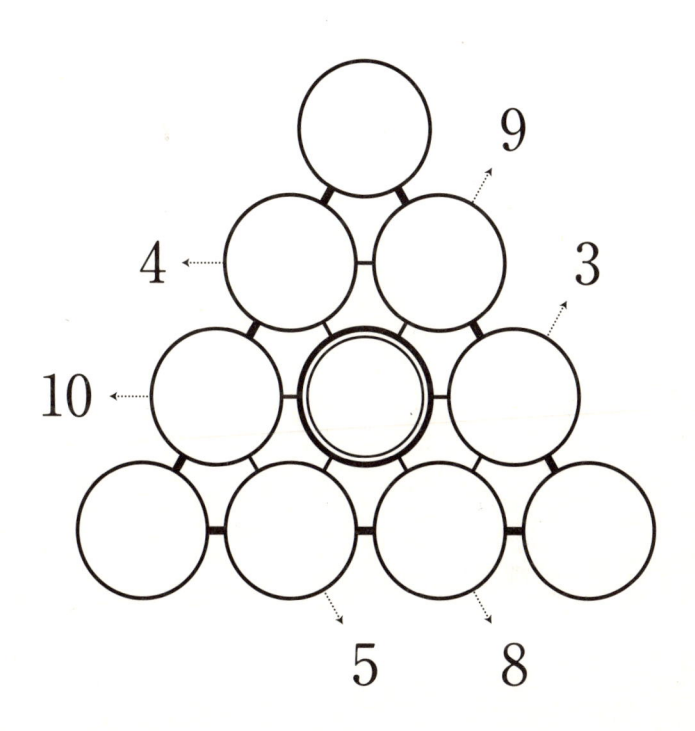

95

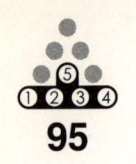

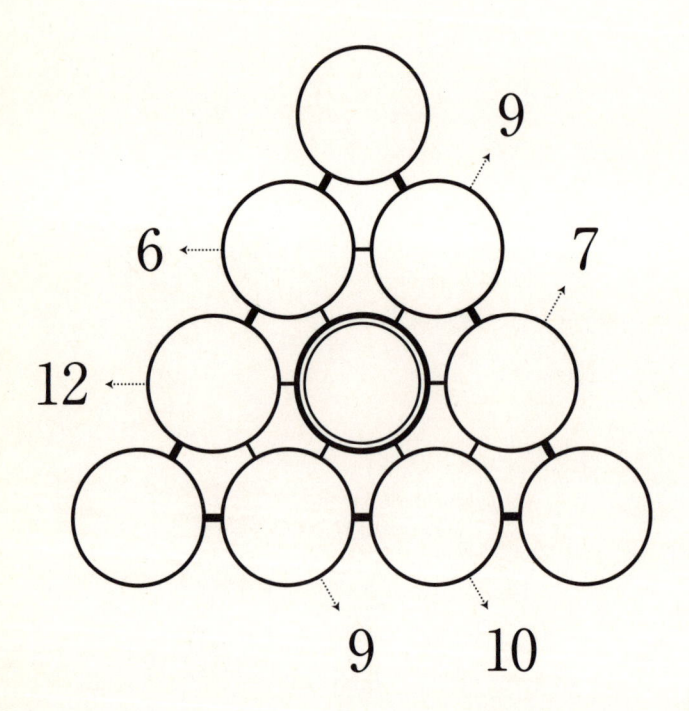

96

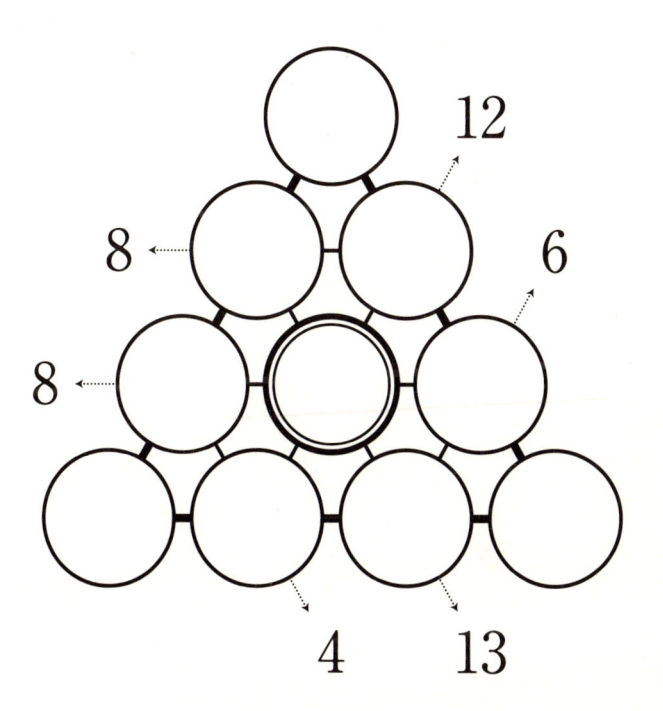

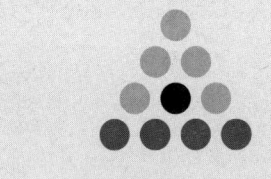

TRIANGLE PUZZLES

解答

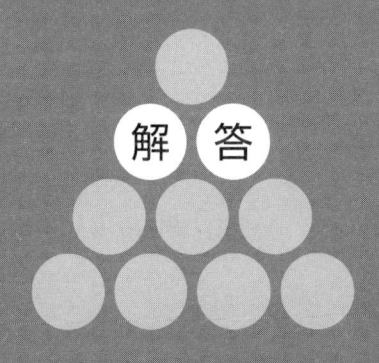

[初級編＋中級編]
01〜96

解答▲初級編

01

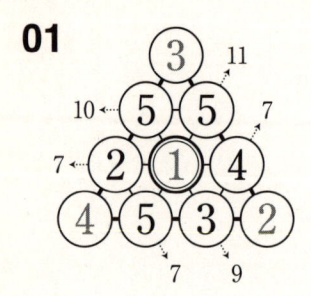

```
        (3) ⇗ 11
     (5)-(5)
10 ← (2)-(1)-(4) → 7
   (4)-(5)-(3)-(2)
       ↓   ↓
       7   9
```

02

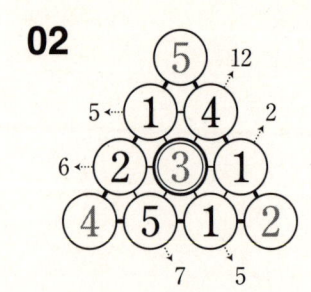

```
        (5) ⇗ 12
    5 ←(1)-(4) → 2
    6 ←(2)-(3)-(1)
       (4)-(5)-(1)-(2)
           ↓   ↓
           7   5
```

03

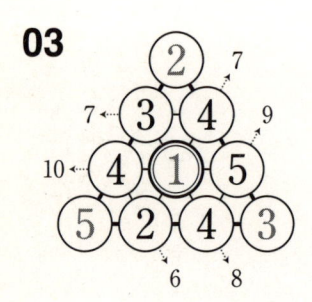

```
         (2) ⇗ 7
   7 ← (3)-(4) → 9
  10 ← (4)-(1)-(5)
        (5)-(2)-(4)-(3)
            ↓   ↓
            6   8
```

04

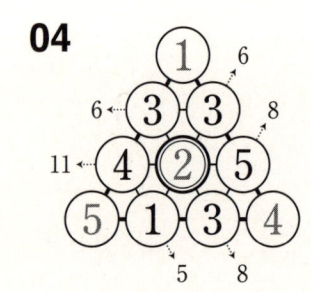

```
         (1) ⇗ 6
   6 ← (3)-(3) → 8
  11 ← (4)-(2)-(5)
        (5)-(1)-(3)-(4)
            ↓   ↓
            5   8
```

05

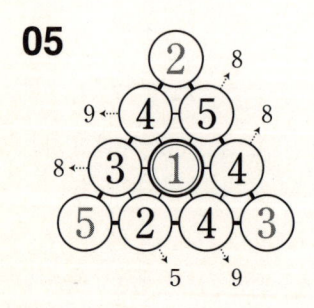

```
         (2) ⇗ 8
   9 ← (4)-(5) → 8
   8 ← (3)-(1)-(4)
        (5)-(2)-(4)-(3)
            ↓   ↓
            5   9
```

06

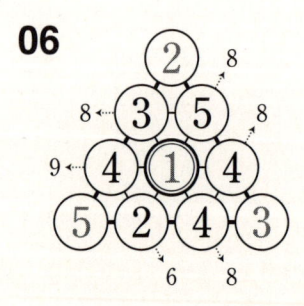

```
         (2) ⇗ 8
   8 ← (3)-(5) → 8
   9 ← (4)-(1)-(4)
        (5)-(2)-(4)-(3)
            ↓   ↓
            6   8
```

解答▲初級編

07

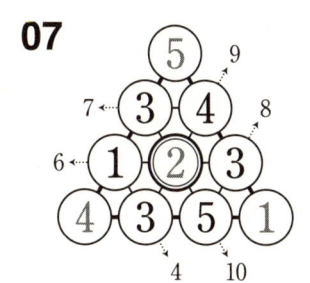

```
        5
      3   4        → 9
  7 ←
      1   2   3    → 8
  6 ←
    4   3   5   1
          ↓   ↓
          4   10
```

08

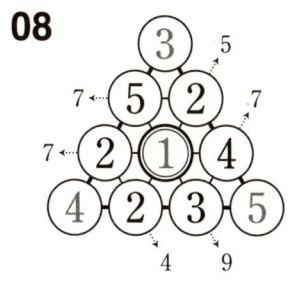

```
        3
      5   2        → 5
  7 ←
      2   1   4    → 7
  7 ←
    4   2   3   5
          ↓   ↓
          4   9
```

09

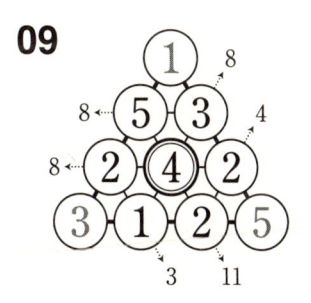

```
        1
      5   3        → 8
  8 ←
      2   4   2    → 4
  8 ←
    3   1   2   5
        ↓   ↓
        3   11
```

10

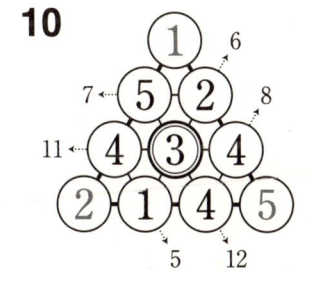

```
        1
      5   2        → 6
  7 ←
      4   3   4    → 8
 11 ←
    2   1   4   5
        ↓   ↓
        5   12
```

11

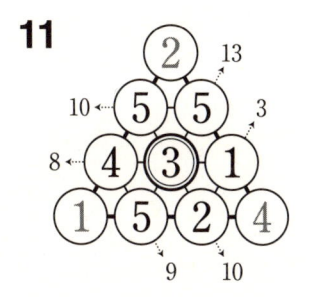

```
        2
      5   5        → 13
 10 ←
      4   3   1    → 3
  8 ←
    1   5   2   4
        ↓   ↓
        9   10
```

12

```
        1
      5   3        → 8
  8 ←
      3   4   2    → 5
  9 ←
    2   1   3   5
        ↓   ↓
        4   12
```

111

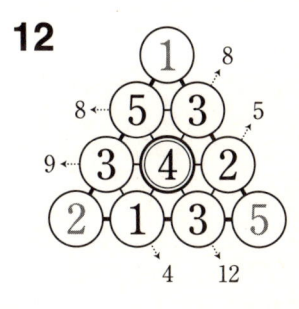

解答 ▲ 初級編

13

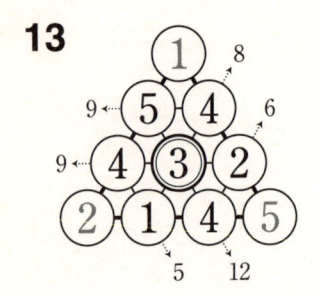

```
        (1)
      (5)-(4)  ↗8
   9↖(4)-(3)-(2)  ↗6
9←(4)         (2)
  (2)-(1)-(4)-(5)
       ↙5  ↙12
```

- 頂点: 1
- 2段目: 5, 4
- 3段目: 4, ③, 2
- 4段目: 2, 1, 4, 5
- 矢印: 9←, 8↗, 9←, 6↗, 5↙, 12↙

14

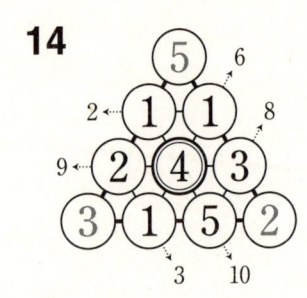

- 頂点: 5
- 2段目: 1, 1
- 3段目: 2, ④, 3
- 4段目: 3, 1, 5, 2
- 矢印: 2←, 6↗, 9←, 8↗, 3↙, 10↙

15

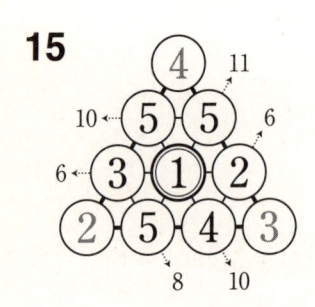

- 頂点: 4
- 2段目: 5, 5
- 3段目: 3, ①, 2
- 4段目: 2, 5, 4, 3
- 矢印: 10←, 11↗, 6←, 6↗, 8↙, 10↙

16

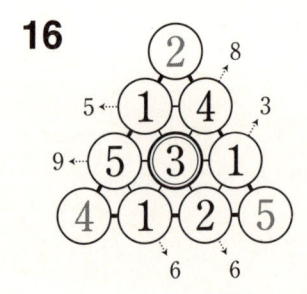

- 頂点: 2
- 2段目: 1, 4
- 3段目: 5, ③, 1
- 4段目: 4, 1, 2, 5
- 矢印: 5←, 8↗, 9←, 3↗, 6↙, 6↙

17

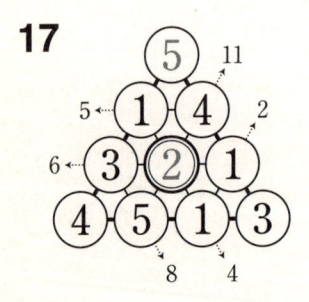

- 頂点: 5
- 2段目: 1, 4
- 3段目: 3, ②, 1
- 4段目: 4, 5, 1, 3
- 矢印: 5←, 11↗, 6←, 2↗, 8↙, 4↙

18

- 頂点: 3
- 2段目: 2, 1
- 3段目: 4, ⑤, 2
- 4段目: 1, 3, 2, 4
- 矢印: 3←, 9↗, 11←, 4↗, 7↙, 9↙

112

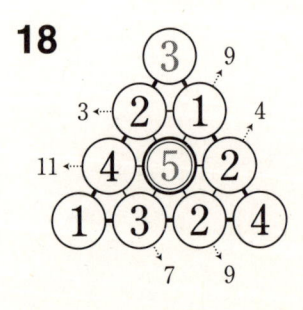

解答▲初級編

19
```
        (2) ⋯ 7
   (3)-(1) ⋯ 10
4 ⋯(3) (1)
14 ⋯(5)-(4)-(5)
  (1)-(2)-(5)-(3)
         ⋮   ⋮
         7   12
```

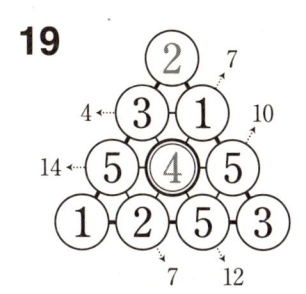

20
```
        (5) ⋯ 9
   (1)-(3) ⋯ 7
4 ⋯(1) (3)
8 ⋯(2)-(4)-(2)
  (3)-(2)-(5)-(1)
         ⋮   ⋮
         4   10
```

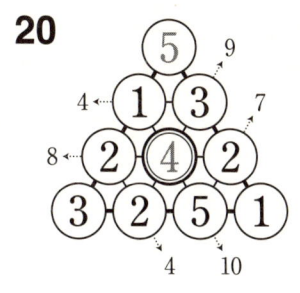

21
```
        (1) ⋯ 10
   (4)-(2) ⋯ 6
6 ⋯(4) (2)
13 ⋯(5)-(3)-(5)
  (2)-(5)-(1)-(4)
         ⋮   ⋮
         10  8
```

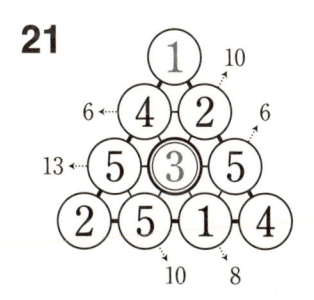

22
```
        (1) ⋯ 11
   (4)-(2) ⋯ 5
6 ⋯(4) (2)
12 ⋯(3)-(5)-(4)
  (2)-(4)-(1)-(3)
         ⋮   ⋮
         7   10
```

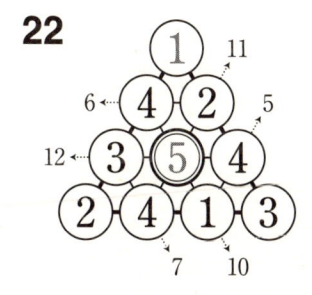

23
```
        (5) ⋯ 12
   (2)-(4) ⋯ 4
6 ⋯(2) (4)
6 ⋯(1)-(3)-(2)
  (4)-(5)-(2)-(1)
         ⋮   ⋮
         6   7
```

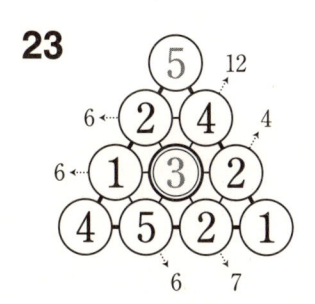

24
```
        (2) ⋯ 10
   (5)-(1) ⋯ 7
6 ⋯(5) (1)
12 ⋯(3)-(4)-(5)
  (1)-(5)-(2)-(3)
         ⋮   ⋮
         8   11
```

113

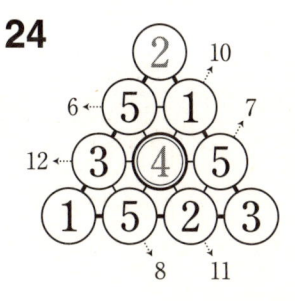

解答 ▲初級編

25

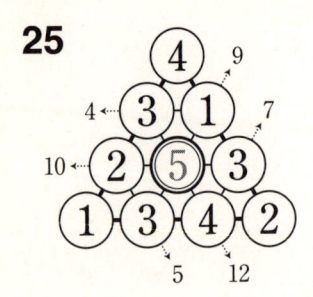

- 頂点: 4
- 2段目: 3, 1 (→9, →7, 左←4)
- 3段目: 2, 5, 3 (左←10)
- 4段目: 1, 3, 4, 2 (↓5, ↓12)

26

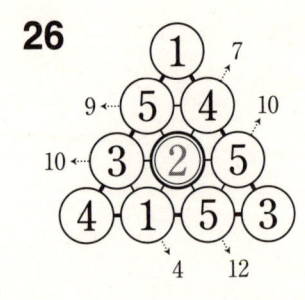

- 頂点: 1
- 2段目: 5, 4 (→7, →10, 左←9)
- 3段目: 3, 2, 5 (左←10)
- 4段目: 4, 1, 5, 3 (↓4, ↓12)

27

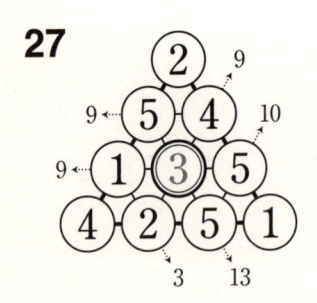

- 頂点: 2
- 2段目: 5, 4 (→9, →10, 左←9)
- 3段目: 1, 3, 5 (左←9)
- 4段目: 4, 2, 5, 1 (↓3, ↓13)

28

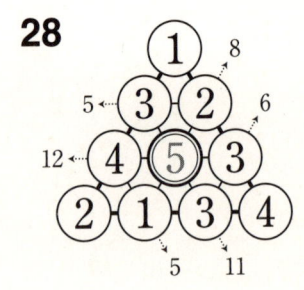

- 頂点: 1
- 2段目: 3, 2 (→8, →6, 左←5)
- 3段目: 4, 5, 3 (左←12)
- 4段目: 2, 1, 3, 4 (↓5, ↓11)

29

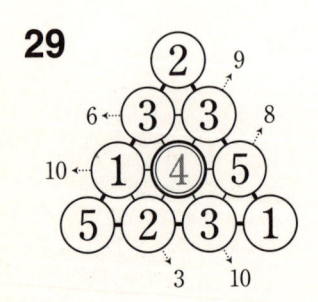

- 頂点: 2
- 2段目: 3, 3 (→9, →8, 左←6)
- 3段目: 1, 4, 5 (左←10)
- 4段目: 5, 2, 3, 1 (↓3, ↓10)

30

- 頂点: 3
- 2段目: 1, 4 (→9, →9, 左←5)
- 3段目: 4, 2, 5 (左←11)
- 4段目: 5, 3, 4, 1 (↓7, ↓7)

114

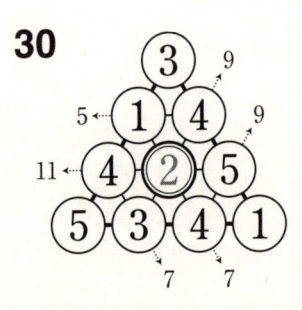

解答▲中級編

31

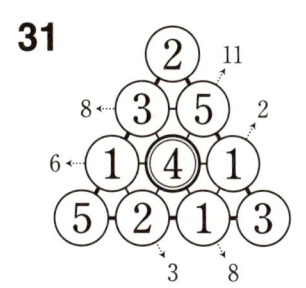

- 2
- 3, 5 → 11 ... 2
- 8 ← 3, 5
- 6 ← 1, (4), 1
- 5, 2, 1, 3
- ↓3 ↓8

32

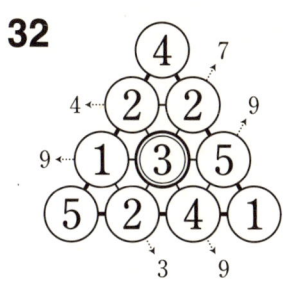

- 4
- 2, 2 → 7 ... 9
- 4 ← 2, 2
- 9 ← 1, (3), 5
- 5, 2, 4, 1
- ↓3 ↓9

33

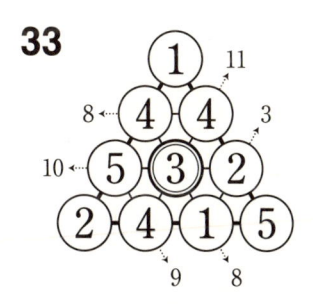

- 1 ... 11
- 8 ← 4, 4 ... 3
- 10 ← 5, (3), 2
- 2, 4, 1, 5
- ↓9 ↓8

34

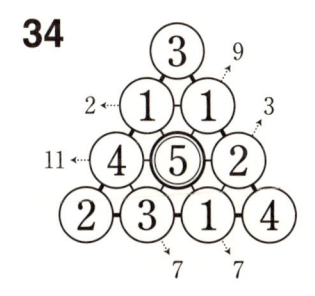

- 3 ... 9
- 2 ← 1, 1 ... 3
- 11 ← 4, (5), 2
- 2, 3, 1, 4
- ↓7 ↓7

35

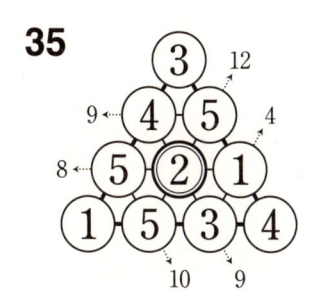

- 3 ... 12
- 9 ← 4, 5 ... 4
- 8 ← 5, (2), 1
- 1, 5, 3, 4
- ↓10 ↓9

36

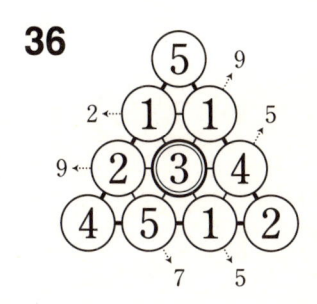

- 5 ... 9
- 2 ← 1, 1 ... 5
- 9 ← 2, (3), 4
- 4, 5, 1, 2
- ↓7 ↓5

115

解答 ▲中級編

37

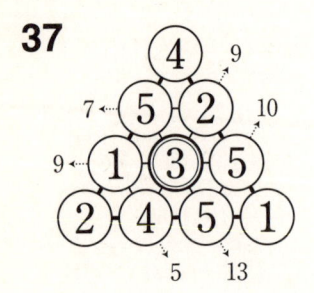

- 頂点: 4 → 9
- 2段目: 5, 2 (左7, 右10)
- 3段目: 1, ③, 5 (左9)
- 4段目: 2, 4, 5, 1 (下5, 13)

38

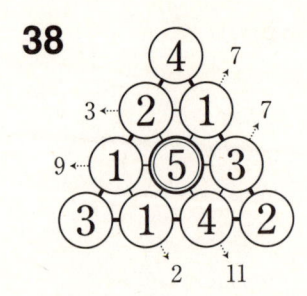

- 頂点: 4 → 7
- 2段目: 2, 1 (左3, 右7)
- 3段目: 1, ⑤, 3 (左9)
- 4段目: 3, 1, 4, 2 (下2, 11)

39

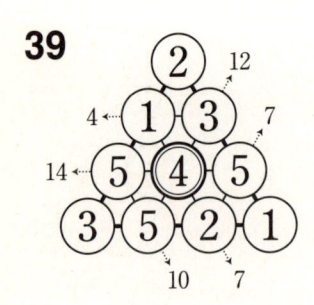

- 頂点: 2 → 12
- 2段目: 1, 3 (左4, 右7)
- 3段目: 5, ④, 5 (左14)
- 4段目: 3, 5, 2, 1 (下10, 7)

40

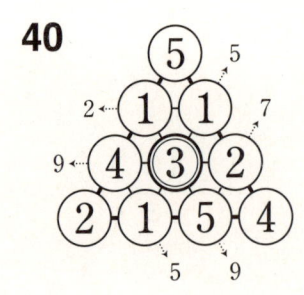

- 頂点: 5 → 5
- 2段目: 1, 1 (左2, 右7)
- 3段目: 4, ③, 2 (左9)
- 4段目: 2, 1, 5, 4 (下5, 9)

41

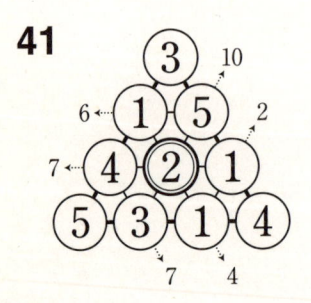

- 頂点: 3 → 10
- 2段目: 1, 5 (左6, 右2)
- 3段目: 4, ②, 1 (左7)
- 4段目: 5, 3, 1, 4 (下7, 4)

42

- 頂点: 2 → 8
- 2段目: 5, 3 (左8, 右3)
- 3段目: 1, ④, 1 (左6)
- 4段目: 3, 1, 2, 5 (下2, 11)

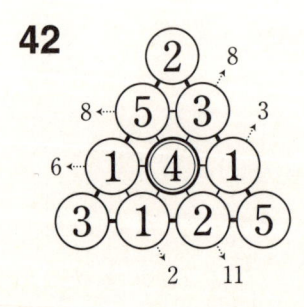

解答 ▲ 中級編

43

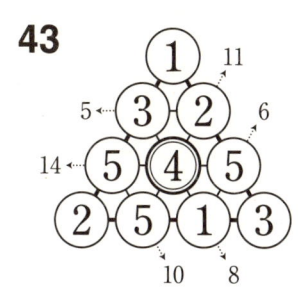

- 1
- 3, 2 → 11
- 5 ← 3, 2 → 6
- 14 ← 5, 4, 5
- 2, 5, 1, 3
- ↓ 10 ↓ 8

44

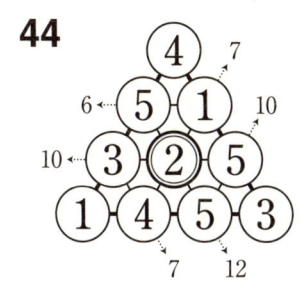

- 4
- 5, 1 → 7
- 6 ← 5, 1 → 10
- 10 ← 3, 2, 5
- 1, 4, 5, 3
- ↓ 7 ↓ 12

45

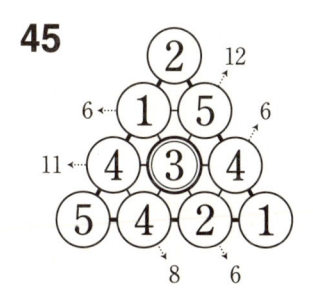

- 2
- 1, 5 → 12
- 6 ← 1, 5 → 6
- 11 ← 4, 3, 4
- 5, 4, 2, 1
- ↓ 8 ↓ 6

46

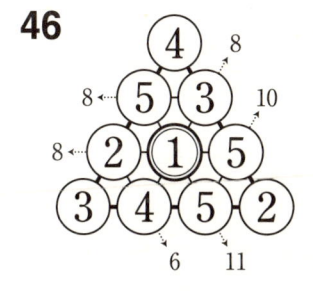

- 4
- 5, 3 → 8
- 8 ← 5, 3 → 10
- 8 ← 2, 1, 5
- 3, 4, 5, 2
- ↓ 6 ↓ 11

47

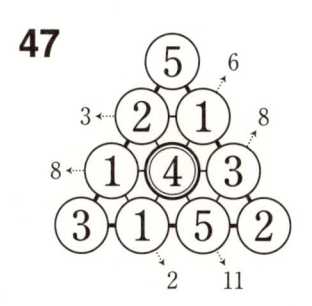

- 5
- 2, 1 → 6
- 3 ← 2, 1 → 8
- 8 ← 1, 4, 3
- 3, 1, 5, 2
- ↓ 2 ↓ 11

48

- 4
- 2, 1 → 6
- 3 ← 2, 1 → 6
- 10 ← 5, 3, 2
- 1, 2, 4, 5
- ↓ 7 ↓ 9

117

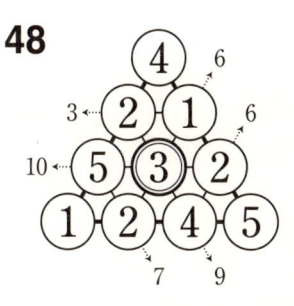

解答▲中級編

49

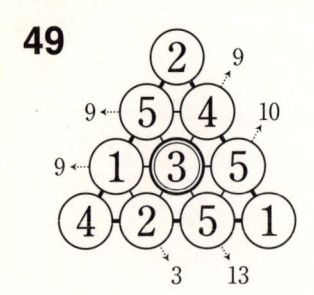

- 頂点: 2
- 2段目: 5, 4 (→9, →10 左9)
- 3段目: 1, 3, 5 (左9)
- 4段目: 4, 2, 5, 1 (↓3, ↓13)

中央: ③

50

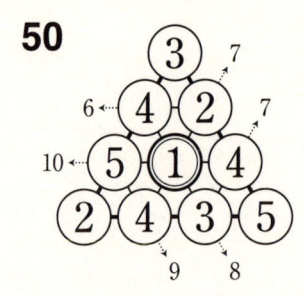

- 頂点: 3
- 2段目: 4, 2 (→7, 左6)
- 3段目: 5, 1, 4 (→7, 左10)
- 4段目: 2, 4, 3, 5 (↓9, ↓8)

中央: ①

51

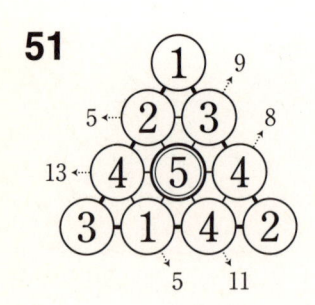

- 頂点: 1 (→9)
- 2段目: 2, 3 (左5, →8)
- 3段目: 4, 5, 4 (左13)
- 4段目: 3, 1, 4, 2 (↓5, ↓11)

中央: ⑤

52

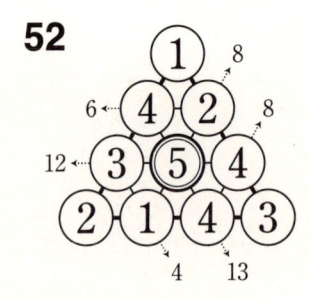

- 頂点: 1 (→8)
- 2段目: 4, 2 (左6, →8)
- 3段目: 3, 5, 4 (左12)
- 4段目: 2, 1, 4, 3 (↓4, ↓13)

中央: ⑤

53

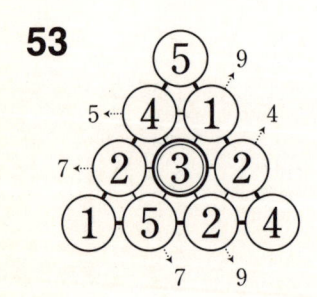

- 頂点: 5 (→9)
- 2段目: 4, 1 (左5, →4)
- 3段目: 2, 3, 2 (左7)
- 4段目: 1, 5, 2, 4 (↓7, ↓9)

中央: ③

54

- 頂点: 3 (→12)
- 2段目: 1, 5 (左6, →4)
- 3段目: 2, 4, 2 (左8)
- 4段目: 5, 3, 2, 1 (↓5, ↓7)

中央: ④

118

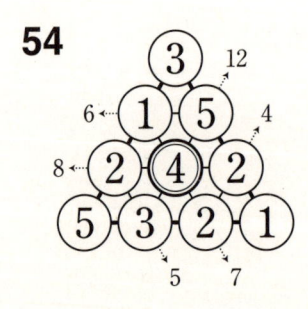

解答 ▲中級編

55
```
        1 →12
      4   5
  9← 5  2  3 →4
10←
    3  5  1  4
        ↓  ↓
       10  7
```

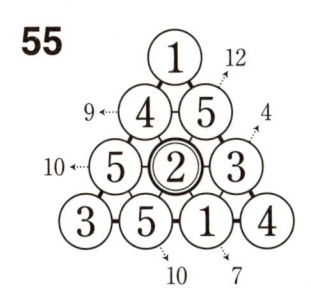

56
```
        1 →8
      3   3
 6←            →6
    4  2  5
11←
    5  3  1  4
        ↓  ↓
        7  6
```

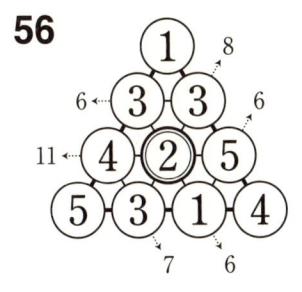

57
```
        1 →8
      4   5
  9←          →8
    5  2  3
10←
    3  1  5  4
        ↓  ↓
        6 11
```

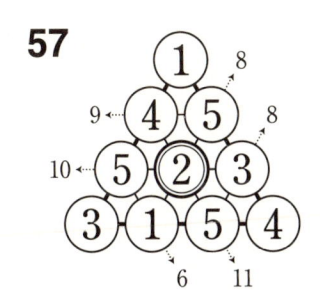

58
```
        3 →11
      4   5
  9←          →7
    1  2  4
 7←
    5  4  3  1
        ↓  ↓
        5  9
```

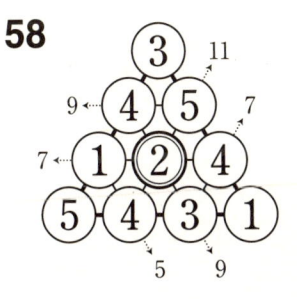

59
```
        5 →8
      1   3
  4←          →6
    2  4  1
 7←
    3  1  5  2
        ↓  ↓
        3 10
```

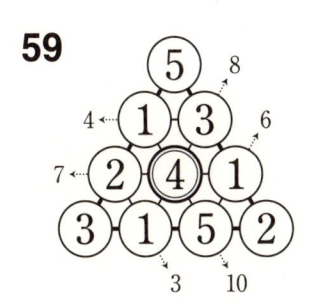

60
```
        1 →11
      4   5
  9←          →5
    3  2  4
 9←
    5  4  1  3
        ↓  ↓
        7  7
```

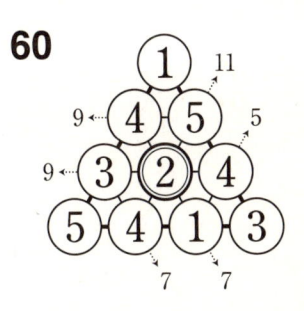

解答▲中級編

61
- Top: 1 → 12
- Row 2: 7 ← 2, 5 → 4
- Row 3: 10 ← 3, 4, 3
- Row 4: 5, 3, 1, 2
- Bottom arrows: 6, 7

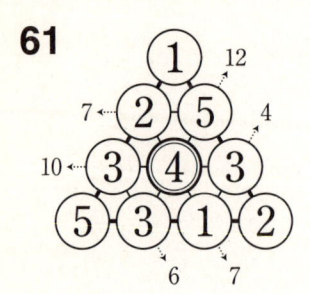

62
- Top: 5 → 7
- Row 2: 3 ← 1, 2 → 6
- Row 3: 8 ← 3, 4, 1
- Row 4: 2, 1, 5, 3
- Bottom arrows: 4, 10

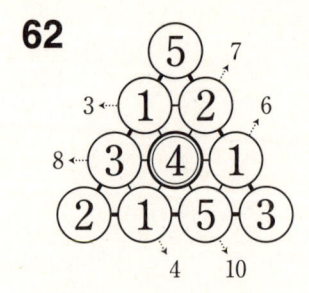

63
- Top: 1 → 9
- Row 2: 7 ← 3, 4 → 4
- Row 3: 10 ← 5, 2, 3
- Row 4: 4, 3, 1, 5
- Bottom arrows: 8, 6

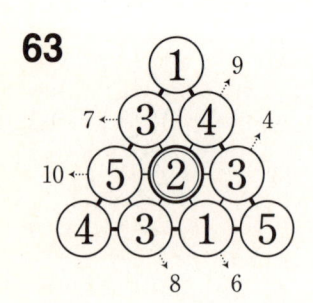

64
- Top: 2 → 10
- Row 2: 5 ← 4, 1 → 6
- Row 3: 12 ← 3, 5, 4
- Row 4: 1, 4, 2, 3
- Bottom arrows: 7, 11

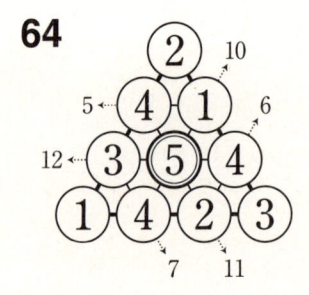

65
- Top: 1 → 9
- Row 2: 9 ← 5, 4 → 4
- Row 3: 8 ← 3, 2, 3
- Row 4: 4, 3, 1, 5
- Bottom arrows: 6, 8

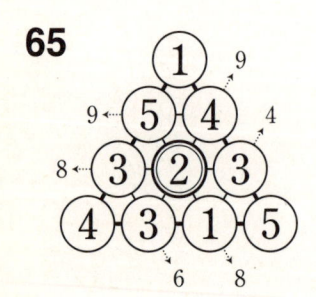

66
- Top: 5 → 10
- Row 2: 3 ← 2, 1 → 4
- Row 3: 8 ← 1, 4, 3
- Row 4: 3, 5, 1, 2
- Bottom arrows: 6, 7

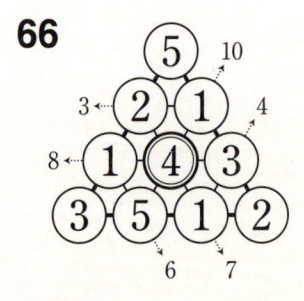

解答▲中級編

67

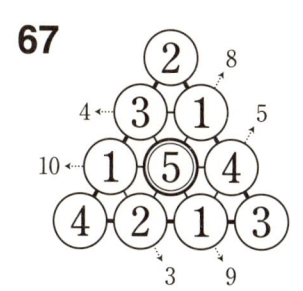

```
        (2)
    (3)-(1)      8
4 ← (3)-(1)
   (1)-(5)-(4)   5
10 ←(1)-(5)-(4)
(4)-(2)-(1)-(3)
       3   9
```

68

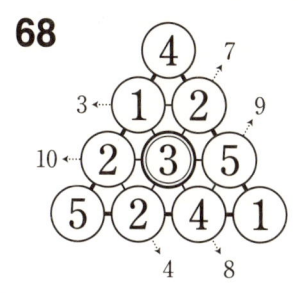

```
        (4)
    (1)-(2)      7
3 ← (1)-(2)
   (2)-(3)-(5)   9
10 ←(2)-(3)-(5)
(5)-(2)-(4)-(1)
       4   8
```

69

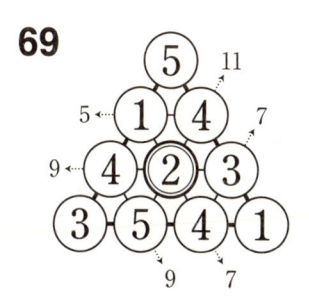

```
        (5)      11
    (1)-(4)
5 ← (1)-(4)      7
   (4)-(2)-(3)
9 ← (4)-(2)-(3)
(3)-(5)-(4)-(1)
       9   7
```

70

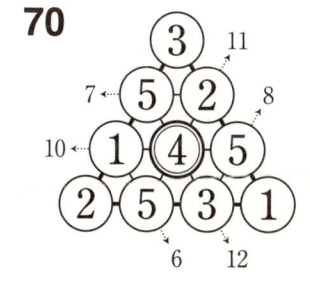

```
        (3)      11
    (5)-(2)
7 ← (5)-(2)      8
   (1)-(4)-(5)
10 ←(1)-(4)-(5)
(2)-(5)-(3)-(1)
       6   12
```

71

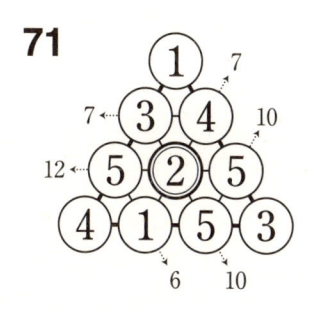

```
        (1)      7
    (3)-(4)
7 ← (3)-(4)      10
   (5)-(2)-(5)
12 ←(5)-(2)-(5)
(4)-(1)-(5)-(3)
       6   10
```

72

```
        (2)      9
    (3)-(1)
4 ← (3)-(1)      5
   (4)-(5)-(3)
12 ←(4)-(5)-(3)
(1)-(3)-(2)-(4)
       7   10
```

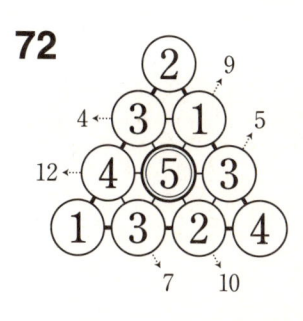

解答▲中級編

73

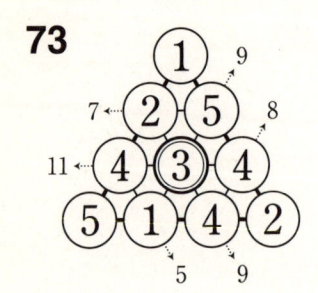

```
        (1)
      (2)(5)      ↗9
   7←(2)(5)       ↗8
  11←(4)(3)(4)
     (5)(1)(4)(2)
          ↓    ↓
          5    9
```

- Top: 1
- Row 2: 2, 5 (7←, ↗9 from top-right area; ↗8)
- Row 3: 4, 3, 4 (11←)
- Row 4: 5, 1, 4, 2 (↓5, ↓9)

74

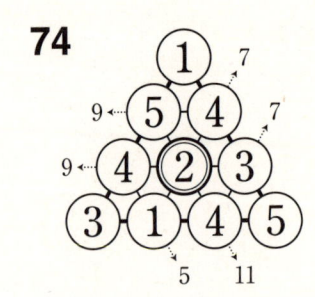

- Top: 1 (↗7)
- Row 2: 5, 4 (9←, ↗7)
- Row 3: 4, 2, 3 (9←)
- Row 4: 3, 1, 4, 5 (↓5, ↓11)

75

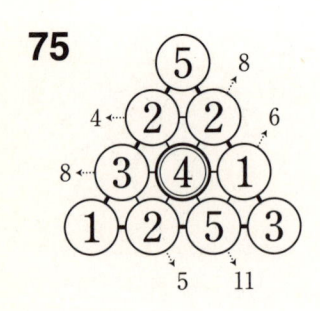

- Top: 5 (↗8)
- Row 2: 2, 2 (4←, ↗6)
- Row 3: 3, 4, 1 (8←)
- Row 4: 1, 2, 5, 3 (↓5, ↓11)

76

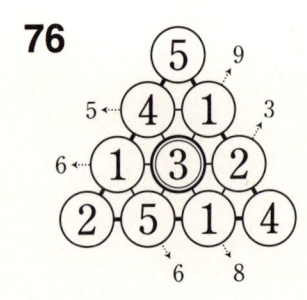

- Top: 5 (↗9)
- Row 2: 4, 1 (5←, ↗3)
- Row 3: 1, 3, 2 (6←)
- Row 4: 2, 5, 1, 4 (↓6, ↓8)

77

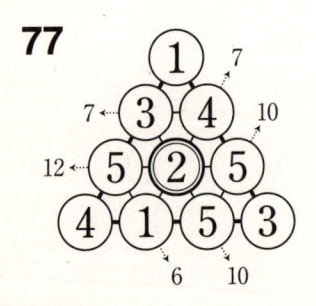

- Top: 1 (↗7)
- Row 2: 3, 4 (7←, ↗10)
- Row 3: 5, 2, 5 (12←)
- Row 4: 4, 1, 5, 3 (↓6, ↓10)

78

- Top: 5 (↗10)
- Row 2: 4, 4 (8←, ↗6)
- Row 3: 3, 1, 2 (6←)
- Row 4: 2, 5, 4, 3 (↓8, ↓9)

122

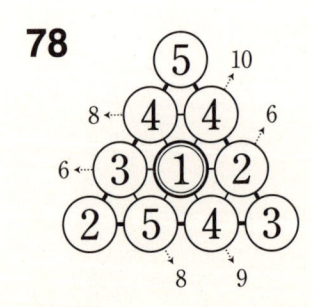

79

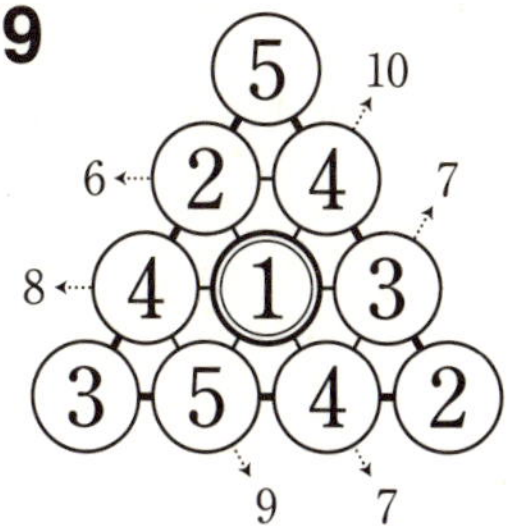
5
10
6 2 4
7
8 4 1 3
3 5 4 2
9 7

80

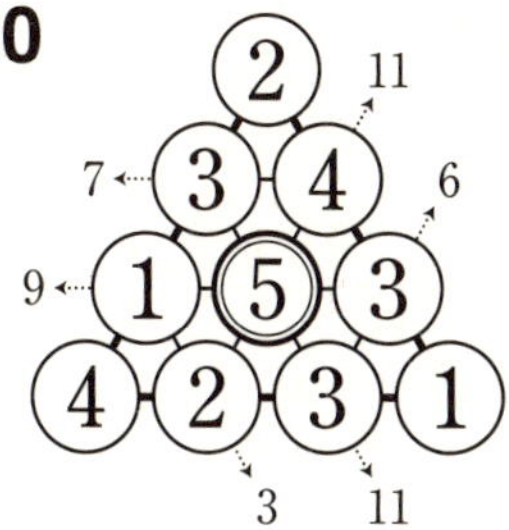
2
11
7 3 4
6
9 1 5 3
4 2 3 1
3 11

81

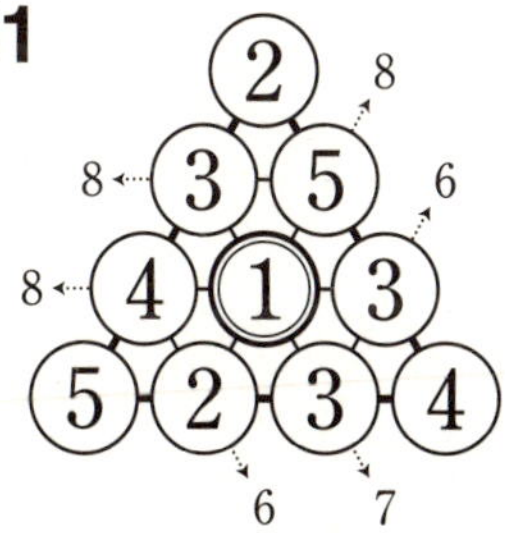
2
8
8 3 5
6
8 4 1 3
5 2 3 4
6 7

82

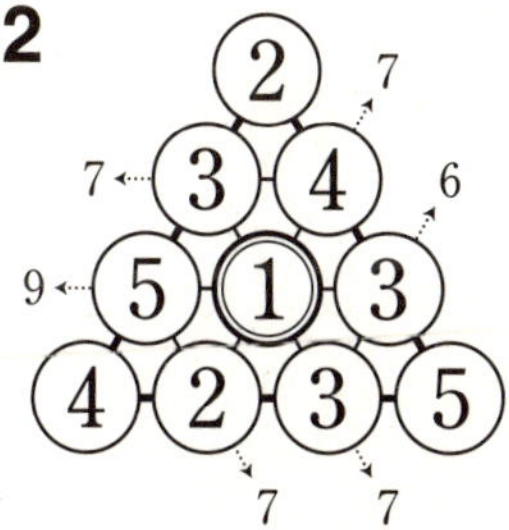
2
7
7 3 4
6
9 5 1 3
4 2 3 5
7 7

83

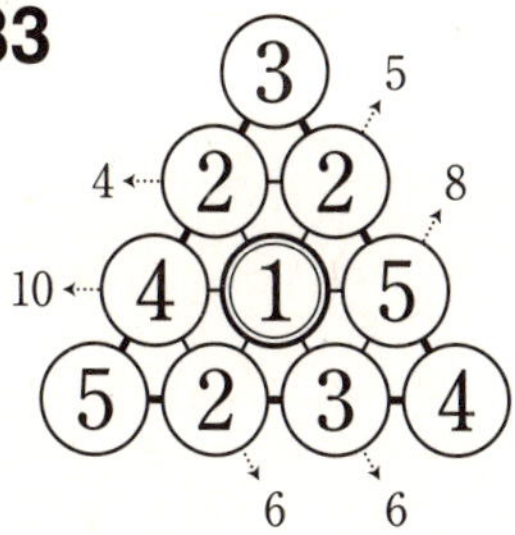
3
5
4 2 2
8
10 4 1 5
5 2 3 4
6 6

84

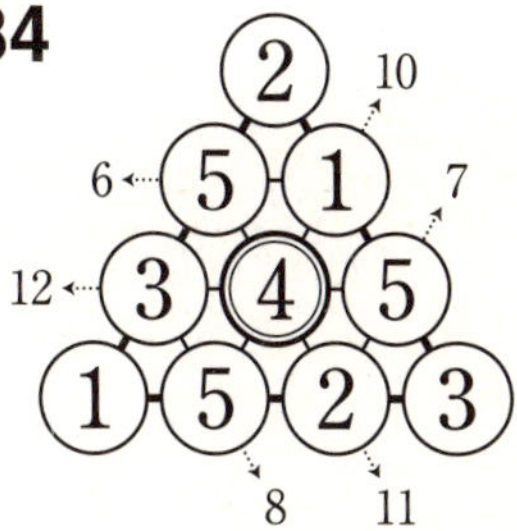
2
10
6 5 1
7
12 3 4 5
1 5 2 3
8 11

解答▲中級編

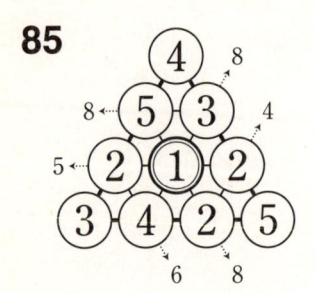

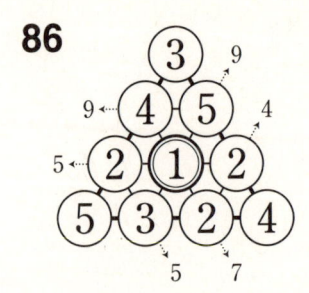

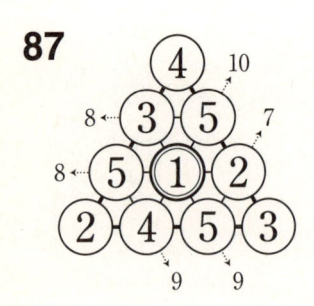

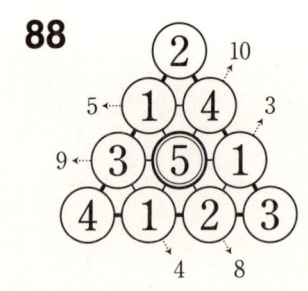

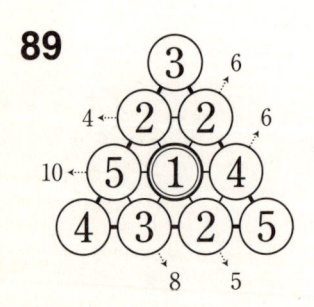

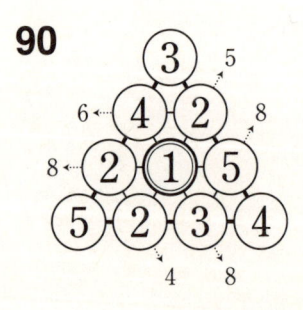

85

86

87

88

89

90

解答▲中級編

91

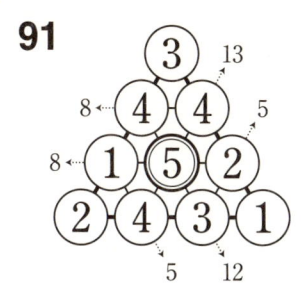

92

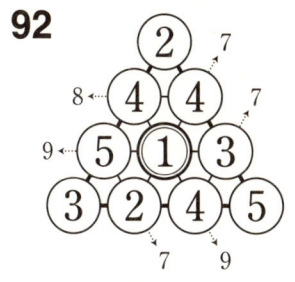

93

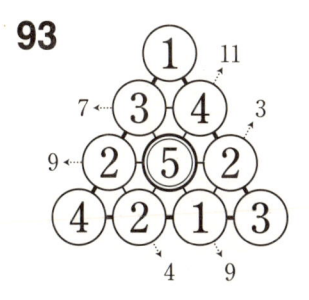

94

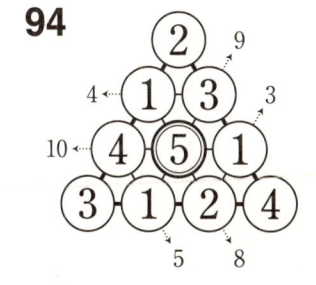

95

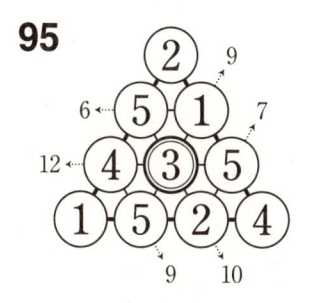

96

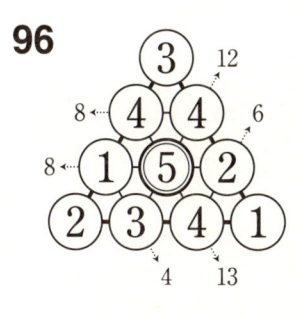

125

おわりに

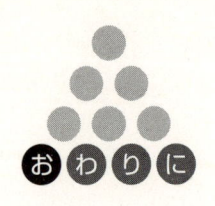

「三角パズル」、いかがでしたか?

10個の○に数字を入れていく、見た目簡単そうな作業が意外とむずかしかったのではないでしょうか。

実は三角パズルにはちょっとした法則があって、あることに気づくといくつかの○が簡単に決まることがあります。すべてを解き終わってまだ物足りないみなさんには、ぜひその法則を見つけていただければと思います(ただし、みなさんが法則を発見したとしても、それはネタばれにならないようにこっそり秘密にしておいてくださいね)。

この三角パズルは、1年以上の年月をかけて、こうしてみなさんに楽しんでいただけるような形にすることができました。その間、講談社ブルーバックス出版部の小澤久さん、問題作成と整理でお世話になった桃夭舎さん、デザイナーの土方芳枝さんには大変お世話になりました。この場をお借りしてお礼を申し上げたいと思います。ありがとうございました。

鍵本 聡
かぎもとさとし

1966年兵庫県西宮市生まれ。教育・出版関係の会社「株式会社KSプロジェクト」代表取締役。関西学院大学、大阪芸術大学、コリア国際学園非常勤講師。京都大学理学部卒、奈良先端科学技術大学院大学情報科学研究科博士前期課程修了、工学修士。ローランド株式会社(電子楽器開発)、私立高校数学科教諭、大手予備校数学科講師、進学塾代表を経て現職。20万部超のベストセラー「計算力を強くする」シリーズ(講談社ブルーバックス)をはじめ、数学書や教育書、参考書など著書は30冊以上にのぼり、世界各国で翻訳されている。雑誌・新聞連載、講演多数。
http://www.ksproj.com/

N.D.C.798　127p　17cm

世界初 鍵本聡の頭がよくなる 三角パズル

2014年5月20日　第1刷発行

著者	鍵本 聡
問題作成	株式会社KSプロジェクト、桃夭舎
ブックデザイン	土方芳枝
発行者	鈴木 哲
発行所	株式会社 講談社
	〒112-8001　東京都文京区音羽2-12-21
	電話　出版部　03-5395-3524
	販売部　03-5395-3622
	業務部　03-5395-3615
印刷所	千代田オフセット株式会社
製本所	株式会社国宝社

定価はカバーに表示してあります。
© 鍵本聡 2014, Printed in Japan
三角パズルに関して、現在、特許出願および商標登録出願中です。

落丁本・乱丁本は購入書店名を明記のうえ、小社業務部宛にお送りください。
送料小社負担にてお取替えします。なお、この本についてのお問い合わせは、
ブルーバックス出版部宛にお願いいたします。
本書のコピー、スキャン、デジタル化等の無断複製は著作権法上での例外を除
き禁じられています。本書を代行業者等の第三者に依頼してスキャンやデジタ
ル化することはたとえ個人や家庭内の利用でも著作権法違反です。®〈日本複
製権センター委託出版物〉複写を希望される場合は、日本複製権センター（電話
03-3401-2382）にご連絡ください。

ISBN978-4-06-218973-6